Le traitement des bois

dans la construction

Termite, capricorne, lyctus, vrillette, syrex, mérule...

comment s'en débarrasser ?

Chez le même éditeur

Construction à ossature bois : conception et mise en œuvre
H. Skoutarides et M. Denancé
CTBA/Eyrolles, G11831, 17 X 24 cm, 128 p, 1995

Le guide des essences de bois
Y. Benoit
CTBA/Eyrolles, G11821, 17 X 24 cm, 128 p, 1997

Le coffret de reconnaissance des bois de France
CTBA/Eyrolles, G11840, 16 x 24 cm, 56 pages + 16 échantillons de bois massif, 2000

Au CTBA

Insectes et champignons du bois
CTBA, G 84036, 16 x 24 cm, 116 pages, 1996

Le guide de la préservation du bois
CTBA, G 84038, 16 x 24 cm, 166 pages, 1998

Initiation à la charpente
CTBA/CAPEB, G 84034, 21 x 29,7 cm, 36 pages , 1999

Guide des assemblages de charpente
CTBA/CAPEB, G 84043, 21 x 29,7 cm, 44 pages, 1999

Les assemblages dans la construction du bois
CTBA, G 84032, 21 x 29,7 cm, 130 pages, 1995

Finition des ouvrages en bois dans le bâtiment
CTBA, G 84018, 16 x 24 cm, 128 pages, 1994

Les bois commerciaux - *2 tomes*
CTBA/VIAL, G 84998 et G 84999, 21 x 25 cm, 400 et 275 pages

L'essentiel sur le bois
CTBA, G 84040, 16 x 24 cm, 190 pages, 1998

Xylos, les bois du monde (CD-Rom)
CTBA/Formabois, 1996

Catalogue d'images : 100 photos sur le bois (CD-Rom)
CTBA, 2000

Lexique du bois et du commerce international - *Français/Anglais*
CTBA, 16 x 24 cm, 112 pages, 2000

Le traitement des bois

dans la construction

Termite, capricorne, lyctus, vrillette, syrex, mérule...
comment s'en débarrasser ?

Centre Technique du Bois et de l'Ameublement
Pôle Construction

Deuxième édition 2000

CTBA

Eyrolles

ÉDITIONS EYROLLES
61, Bld Saint-Germain
75240 Paris Cedex 05
www.editions-eyrolles.com

CTBA
10, av de Saint-Mandé
75012 Paris
Tél. : 01 40 19 49 19
Fax. : 01 43 40 85 65
www.ctba.fr

Le CTBA est un centre technique industriel au service des professionnels du bois et de l'ameublement pour les aider à développer les emplois du bois et des matériaux associés. Dans cette optique, son Pôle Construction exerce des activités dans quatre principaux axes de service :

- la certification :
  - bois traités : CTB B+,
  - produits de traitement : CTB P+,
  - entreprises de traitement curatif et préventif des bois en œuvre : CTB A+,
- les expertises sur site ou en laboratoire,
- les essais, les appuis techniques, la formation, le conseil,
- la recherche et le développement, la veille technologique.

Ont collaboré à la rédaction de cet ouvrage :
Florence Avat, Gérard Deroubaix, Danièle Dirol, Gérard Dupont, Pierre Ferrier, Serge Pécheux, Anne-Marie Pruvost, Marie-Madeleine Serment.

ISBN 2-212-11844-9

Introduction

En fonction de sa situation dans l'ouvrage, de sa mise en œuvre, des conditions climatiques et géographiques, le bois est sujet à l'attaque d'agents destructeurs, insectes et champignons. S'il veut continuer à séduire et convaincre, développer des emplois dans la construction, c'est sur le terrain de sa pérennité qu'il doit faire porter ses efforts.

L'actualité régionale française traduit une sensibilisation croissante de la population et de l'administration aux problèmes de pathologie du bois et en particulier aux infestations de termites. Par ailleurs, de nouvelles réglementations en matière de protection de l'environnement ont conduit les professionnels à envisager des techniques de préservation plus « douces ». De nouveaux produits apparaissent sur le marché. C'est ce qui a incité le Pôle Construction du CTBA à réaliser cet ouvrage qui rassemble tout ce qu'il faut savoir concernant les traitements, essentiellement curatifs, du bois et des autres matériaux dans la construction. Si ces traitements visent à éliminer les parasites, ils confèrent à la construction une protection durable contre de nouvelles infestations.

Choisir et appliquer ces traitements nécessitent des connaissances variées quant au matériau bois et aux agents xylophages. Dans un premier chapitre, cet ouvrage rappelle les notions de base sur l'anatomie du bois, sa durabilité, puis donne sous forme de fiches faciles à consulter une description détaillée des insectes et champignons les plus fréquemment rencontrés. Le second chapitre est consacré à la conduite d'un diagnostic et comporte des clés d'identification d'insectes et de champignons. Le troisième chapitre concerne les différents traitements adaptés à chaque type d'attaque ou élément de la construction. L'aspect vérification et garantie des traitements est traité. Enfin, un dernier chapitre porte sur les moyens de traitement (produits, matériel) et la sécurité sur les chantiers.

Lutter contre les parasites de la construction, c'est aussi choisir une méthode d'intervention ainsi que des techniques et produits efficaces adaptés à chaque situation. Les prescriptions techniques du traitement définies par le CTBA et les professionnels sont à la base de ce guide à l'usage des entreprises, des prescripteurs du traitement, des experts et de toute personne concernée par la protection et la conservation de biens immobiliers.

SOMMAIRE

Introduction

Chapitre 1 - BIOLOGIE ET BIODÉGRADABILITÉ DU MATÉRIAU BOIS

Chapitre 1

BIOLOGIE ET BIODÉGRADABILITÉ DU MATÉRIAU BOIS

1.1. NOTIONS D'ANATOMIE DU BOIS ET DURABILITÉ

Le bois est un matériau naturellement renouvelable utilisé depuis des millénaires dans la construction. Les arbres des forêts dont les essences sont innombrables fournissent chaque année la « matière bois » vivante car organique, utilisable dans les différents domaines de la construction : structurel, architectural et décoratif.

La structure du bois est complexe. Tissu formé de cellules à fonctions spécifiques, chaque essence de bois présente « un plan ligneux » différent ainsi qu'une composition chimique différente. La carte d'identité d'une espèce peut ainsi être établie et amener l'utilisateur à faire un choix en fonction de l'emploi prévu. Le bois est biodégradable. Sa nature organique lui confère une sensibilité aux agents biologiques (insectes xylophages et champignons lignivores), variable selon sa structure anatomique (organisation cellulaire) et sa durabilité intrinsèque (composition chimique).

1.1.1. LA FORMATION DU BOIS

Le bois provient de la forêt, véritable usine biologique. Au niveau de l'arbre, le cycle du carbone s'effectue par photosynthèse dont les différentes étapes ne sont pas décrites dans cet ouvrage.

Il faut savoir cependant que le glucose formé dans les feuilles est transporté par la sève vers les zones de croissance de l'arbre dont le cambium, situé sous l'écorce, permet la croissance en épaisseur. Dans cette zone, le glucose donne naissance à de longues chaînes d'hydrates de carbone qui forment le constituant organique principal de la matière bois : la cellulose. Les cellules ainsi édifiées se multiplient et ensuite se lignifient. Le bois, matière organisée, résulte donc de la juxtaposition de ces cellules qui naissent dans le cambium. La croissance a lieu en direction de l'intérieur du tronc où les cellules se spécialisent. Le fonctionnement du cambium (assise génératrice) n'est pas régulier et, sous nos climats, la production du bois est périodique.

Au printemps, le cambium est très actif, mais se trouve au repos pendant la période hivernale. Dans les régions tropicales, l'arrêt de la végétation est beaucoup moins marqué, voire pas du tout.

L'activité du cambium est facile à repérer sur une section transversale de tronc d'un arbre récolté sous nos climats tempérés ; on y distingue les « cernes annuels » ou cernes d'accroissement correspondant au bois formé en une année. On peut les compter et leur nombre donne l'âge de l'arbre ainsi que des renseignements sur son histoire !

1.1.2. LE BOIS INITIAL - LE BOIS FINAL

Cet enchaînement biologique est donc régi par la succession des saisons. Quand l'une est productive et l'autre pas, la limite entre chaque cerne annuel est bien visible. Ainsi, sous nos climats tempérés, la végétation s'arrête en hiver et la photosynthèse reprend au printemps. Celle-ci est permanente en climat tropical.

Au printemps, des cellules à parois minces et grosse lumière se constituent : c'est le bois de printemps ou bois initial. En fin de végétation, se constitue un tissu plus dense formé de cellules à parois épaisses et l'espace vide (lumière) est réduit : c'est le bois final ou bois d'été. Un cerne annuel est composé par l'ensemble bois de printemps/bois d'été ; les proportions de ces deux types de cellules dans le cerne permettent d'apprécier certaines propriétés technologiques, telle la texture.

La différenciation des éléments secondaires, c'est-à-dire lignifiés à partir du cambium après maturation des cellules, conduit à la formation d'un tissu « vivant » (par les cellules de parenchyme) jouant un rôle dans l'élaboration de substances complexes et la mise en réserve de l'amidon : il s'agit de l'aubier.

1.1.3. L'AUBIER - LE DURAMEN

La zone aubieuse, issue de la prolifération des cellules dans le cambium, a une épaisseur variable selon les essences (quelques cernes annuels à plusieurs centimètres). Elle est plus ou moins bien différenciée. On trouve ensuite une zone de transformation de l'aubier en « bois parfait » appelée zone de transition, d'épaisseur variable et pas toujours visible. Enfin, vers le centre, se différencie le duramen. Quand celui-ci se distingue parfaitement de l'aubier par sa couleur, on parle de bois parfait duraminisé (= duramen) ; c'est le cas du pin, du chêne. Quand il n'y a pas de distinction entre les deux parties, on a affaire au bois parfait (non délimité) ; c'est le cas du sapin, du hêtre.

L'aubier est le bois « vivant », physiologiquement actif. Il contient des réserves comme l'amidon, perméable aux substances, peu dense, peu résistant, de couleur pâle. Dans l'arbre, l'eau et la sève y circulent.

En revanche, le duramen n'a qu'un rôle de soutien. Des substances incrustent la paroi cellulaire ou se déposent dans les cavités (tanins, résines, sels d'acides organiques), l'amidon disparaît et, parfois, les fibres s'obturent.

La duraminisation est un facteur très important lié à la durabilité naturelle. En partant du principe que l'aubier est toujours périssable, le duramen, quand il se distingue parfaitement de l'aubier, est toujours bien plus durable vis-à-vis des agressions biologiques. Il contient, en effet, des antiseptiques naturels, synthétisés dans l'arbre sur pied au cours de sa croissance. Ces substances ne sont pas présentes chez les essences à aubier et bois parfait non duraminisé.

1.1.4. LA COMPOSITION CHIMIQUE DU BOIS

La distinction entre aubier et duramen amène à signaler qu'une transformation chimique du bois entraînant un changement de teinte a lieu lors de la duraminisation. Les parois cellulaires s'incrustent de substances « antiseptiques » vis-à-vis des agents biologiques ; ce sont des oléorésines, des alcaloïdes, des substances minérales, etc. Toutefois, bien qu'elle ne soit pas constante et varie selon les espèces, l'analyse élémentaire du bois est la suivante :

- 50 % de carbone,
- 43 % d'oxygène,
- 6 % d'hydrogène,
- 0,5 % d'azote,
- entre 0,5 et 1,5 % de cendres.

Les constituants organiques majeurs de la paroi cellulaire sont :

- la cellulose (35 à 60 %),
- les hémicelluloses (10 à 20 %),
- la lignine (20 à 30 %).

1.1.5. LE PLAN LIGNEUX

Le bois est un matériau anisotrope qui s'observe selon trois plans distincts :

- Le plan transversal (bois de bout) permet l'observation des cernes annuels. Les fibres apparaissent à la loupe en section plus ou moins quadrangulaire.
- Le plan radial (quartier) est le plan longitudinal, perpendiculaire aux cernes d'accroissement, qui passe par l'axe du tronc. Les rayons bien visibles y forment une « maillure » caractéristique selon l'essence. Leur contact avec les fibres longitudinales forme les champs de croisement perpendiculaires aux fibres.
- Le plan tangentiel (dosse) est un plan longitudinal, mais qui ne passe pas par l'axe de symétrie. Il se situe tangentiellement aux cernes annuels.

La structure d'un bois est le reflet des caractéristiques spécifiques du plan ligneux de chaque espèce. L'observation des trois plans, le plus souvent au microscope, permet, en fonction de l'organisation cellulaire, de la forme des éléments, de leur nombre, de leur répartition, de déterminer l'espèce, sachant que le plan ligneux est toujours constant au sein d'une même essence.

1.1.6. LA STRUCTURE ANATOMIQUE

La détermination d'une essence de bois avec précision n'est pas toujours possible si l'on se limite aux caractères macroscopiques. Par contre, l'observation microscopique de chacun des éléments du plan ligneux, selon les trois sens d'observation, permet d'aboutir à la détermination exacte de l'essence. Il faut savoir que tous les éléments communs ou non à toutes les essences possèdent des caractéristiques propres à chaque essence.

L'élément de base de la constitution du bois de toutes les essences est la « fibre » encore appelée « trachéide verticale ». Les cellules sont allongées dans le sens de l'axe de l'arbre, de section sensiblement quadrangulaire et se terminent en biseaux allongés.

Le plan ligneux des bois résineux (appartenant au groupe botanique des Gymnospermes, ordre des conifères) est différent de celui des bois feuillus (groupe des Angiospermes).

Les bois résineux

Leur structure est simple. Ils sont constitués d'éléments fondamentaux toujours présents :

Les trachéides (fibres)

Ce sont des cellules allongées selon l'axe de l'arbre, fusiformes, de section quadrangulaire (longueur : 1,5 à 4,5 mm ; largeur : 40 à 60 µm). Elles portent sur leurs faces radiales, et parfois tangentielles, des ponctuations aréolées. Dans chaque cerne annuel, on distingue les trachéides de bois de printemps (bois initial), de couleur pâle, dont les parois sont minces et les trachéides de bois d'été (bois final), de couleur plus foncée et dont la paroi est épaisse. Elles ont un rôle de soutien et transportent l'eau dans l'arbre.

Les rayons ligneux (parenchyme)

Ils sont constitués de cellules allongées perpendiculaires à l'axe de l'arbre et, par conséquent, aux fibres. Chez les résineux, ils forment des feuillets radiaux épais d'une seule cellule et hauts de 1 à 40 cellules. On dit qu'ils sont toujours unisériés. La communication entre les cellules de parenchyme des rayons et les trachéides verticales se fait par l'intermédiaire (au niveau des champs de croisement) de ponctuations simples dont la forme et le nombre sont variables selon les essences.

Dans l'aubier, les cellules des rayons ligneux sont vivantes et peuvent contenir des réserves (amidon), le rendant sensible aux attaques biologiques.

D'autres éléments dit accessoires entrent encore dans la constitution des résineux. Il s'agit des trachéides transversales, cellules courtes à la marge des rayons ligneux, du parenchyme sécréteur en bandes longitudinales qui accumule la résine, et des canaux résinifères formés de cellules secrétrices tapissant la paroi interne d'un canal dans lequel s'écoule et s'accumule la résine.

Tous ces éléments communiquent entre eux par différents types de ponctuations, le système n'est pas clos.

Les bois feuillus

Leur structure est plus complexe que celle des résineux. Ils possèdent **des vaisseaux** (« pores »).

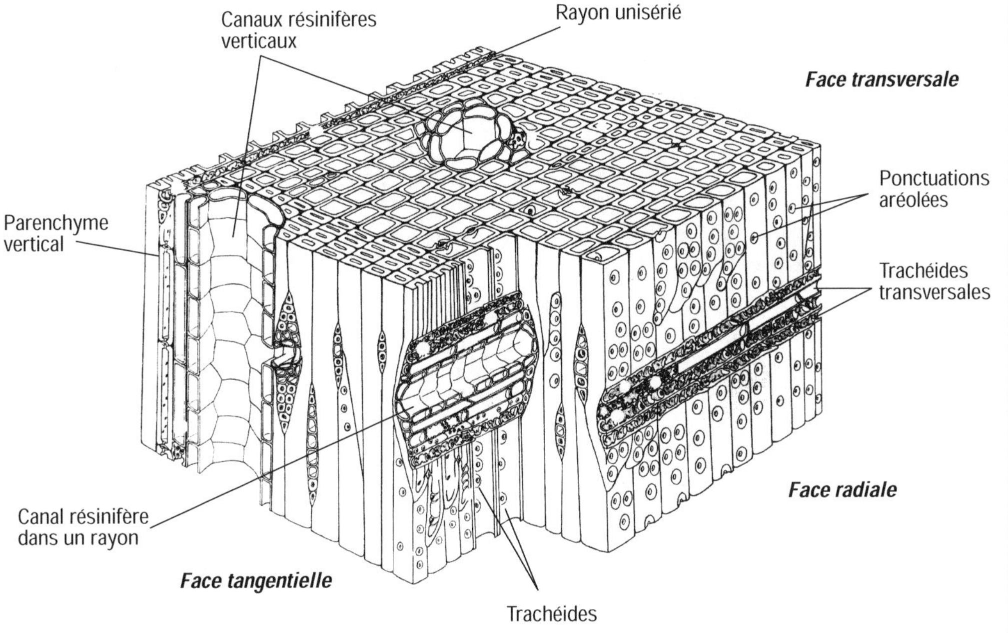

Éléments du plan ligneux des bois résineux

Les vaisseaux

Ce sont des cellules de forme cylindrique dont l'axe est parallèle à celui de l'arbre. Placées les unes à la suite des autres, elles forment des canalicules continus. Ils communiquent entre eux dans le sens axial par des perforations de formes variées et dans le sens radial par des ponctuations aréolées, fondamentalement différentes de celles des résineux.

Lors de la duraminisation, les parois s'incrustent ou s'obturent et le bois devient imperméable.

Les trachéides verticales

Il s'agit de cellules allongées dont la proportion dans le tissu fibreux est faible. Elles portent des ponctuations aréolées à orifice lenticulaire ou en fente.

Les fibres libriformes

Elles sont fusiformes, leurs ponctuations sont en général simples, certaines sont septées.

Les cellules des rayons ligneux (parenchyme)

Chez les feuillus, les rayons sont généralement disposés sur plusieurs épaisseurs (plurisériés), excepté pour le peuplier qui, comme les résineux, a des rayons unisériés.

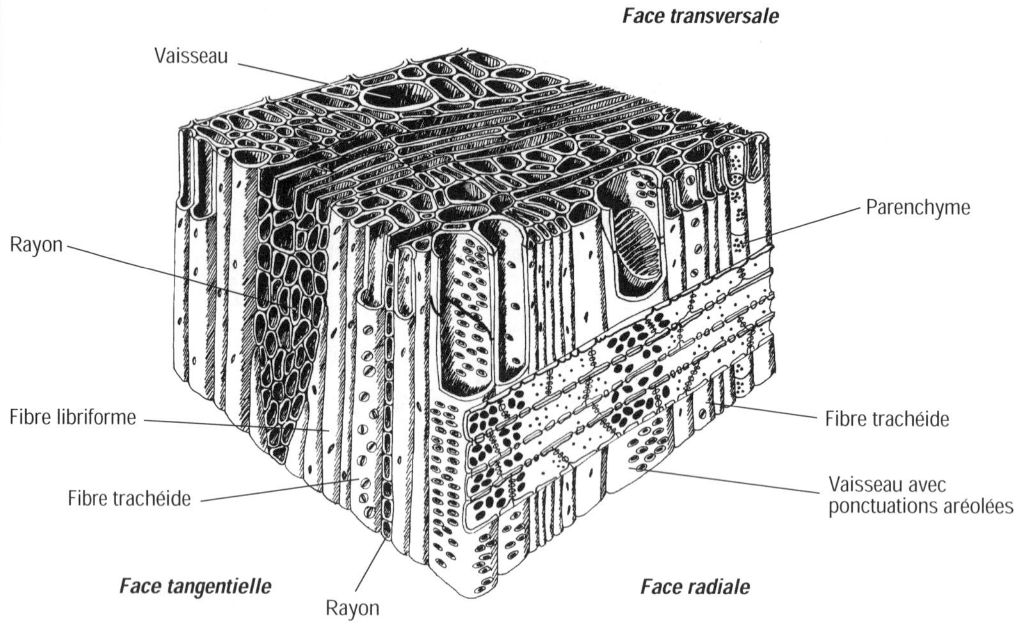

Éléments du plan ligneux des bois feuillus

Le parenchyme vertical

Il est formé de cellules allongées fusiformes, étagées ou en files.

1.1.7. LES RELATIONS ENTRE LA STRUCTURE ANATOMIQUE ET L'IMPRÉGNABILITÉ

La circulation des liquides dans le bois et, en conséquence, son aptitude à l'imprégnation sont variables selon les essences et en relation avec leur structure, voire leur ultrastructure.

D'une manière générale, les aubiers différenciés sont très perméables (aucune obturation des vaisseaux et des ponctuations). Leur caractère périssable est donc largement compensé par la possibilité d'imprégnation totale apportant une «durabilité conférée » et une sûreté d'emploi du matériau.

Les essais effectués pour évaluer les possibilités d'absorption des essences montrent de grandes variations. Dans l'ensemble, les bois parfaits duraminisés absorbent peu, ce qui corrobore les observations pratiques d'imprégnation difficile, voire impossible ou irrégulière de certaines essences.

Cette imprégnation dans le duramen est rendue difficile par la fermeture des voies naturelles de passage : thylles obturant les vaisseaux, ponctuations aréolées fermées, parois cellulaires incrustées, canaux résinifères obturés.

Les essences à aubier et bois parfait non duraminisés présentent des variations dans leur possibilité de traitement. Certaines s'imprègnent irrégulièrement. Pour d'autres, l'imprégnation est très difficile. Il en est ainsi de l'épicéa, essence réputée peu imprégnable. Certaines observations anatomiques expliquent en partie cette propriété. En effet, cette essence possède :

- des ponctuations simples peu nombreuses et très petites dans les champs de croisement,
- des canaux résinifères dont les cellules bordantes larges ont des parois épaisses,
- un certain pourcentage de ponctuations aréolées fermées.

D'une manière générale, les ponctuations du bois (qui permettent donc les communications entre les éléments), et en particulier les ponctuations aréolées, ont un rôle important dans l'imprégnabilité. Elles ont une fonction de filtre et s'opposent au passage de certaines substances.

D'autres facteurs interviennent et se situent en fait au niveau de la microfibrille de cellulose.

Tous ces éléments mettent en évidence que la migration dans le bois par simple capillarité est toujours limitée et insuffisante pour assurer la protection d'un volume de bois.

1.1.8. LES RELATIONS ENTRE LA STRUCTURE ANATOMIQUE ET LES ATTAQUES BIOLOGIQUES

D'une manière générale, il faut considérer les aubiers comme périssables. Pour les essences chez lesquelles la distinction entre aubier et bois parfait est impossible, le bois parfait a alors la même résistance que l'aubier vis-à-vis des agents biologiques.

Un bois peut être comestible. Dans ce cas, il contient des substances de réserve (amidon) dont l'agent biologique tirera profit. Par exemple :

- ❑ les champignons de bleuissement (discoloration) dans les aubiers, ou les bois parfaits non différenciés d'essences résineuses ou feuillues,
- ❑ les lyctus, insectes xylophages des bois feuillus.

En revanche, les duramens présentent des résistances différentes vis-à-vis des insectes xylophages et des champignons lignivores.

Un bois contient, en plus ou moins grande quantité, des antiseptiques naturels (oléorésines, pinosylvines, etc.) nocifs pour l'agent biologique. Il en est de même pour les tanins. Ces substances se trouvent dans les bois parfaits duraminisés.

Un bois peut être anatomiquement résistant : sa structure ne permet pas à l'agent biologique de s'y développer, aussi :

- ❑ la femelle de lyctus ne peut pondre ses oeufs dans les vaisseaux des feuillus quand le diamètre de ceux-ci est trop petit (diamètre $< 0,05$ mm),
- ❑ le passage des filaments mycéliens dans les vaisseaux obturés par les thylles (duramen) est quasiment impossible.

Enfin, la forme des ponctuations simples dans les cellules des rayons a une influence sur la possibilité de passage des filaments mycéliens. Certaines, largement ouvertes, sont de bonnes voies de passage.

1.1.9. LA DURABILITÉ NATURELLE

Le concept de durabilité du bois est assez complexe dans la mesure où une certaine confusion peut s'établir entre la notion de durabilité intrinsèque d'une essence et la notion de durabilité d'un ouvrage réalisé avec cette essence. Par ailleurs, c'est une notion purement relative qui varie en fonction des espèces et peut être sujette à des fluctuations selon l'individu dans une même espèce et selon le prélèvement dans l'individu (aubier, bois parfait externe, bois parfait interne).

La durabilité est également liée à certains facteurs de croissance de l'arbre difficiles à apprécier (nature du sol, climat).

La durabilité d'une essence donnée est une propriété spécifique qui caractérise le comportement de cette essence face aux agressions biologiques entraînant des altérations diverses, depuis la simple altération esthétique jusqu'à la perte complète des propriétés mécaniques.

En fait, les agents biologiques susceptibles de dégrader une essence de bois donnée sont très différents. Ainsi, un bois peut être dégradé par un type de champignon lignivore et résister aux insectes xylophages. Il est donc très difficile de définir une durabilité « globale ».

Actuellement, dans le cadre de recherches européennes, des méthodes d'essais (en laboratoire et sur site) sont mises au point pour tester la durabilité naturelle et l'aptitude du bois au traitement. Cependant, l'expérience acquise depuis de nombreuses années, en particulier à la suite d'essais de champs au contact du sol effectués par plusieurs laboratoires, a permis à un groupe d'experts européens d'élaborer deux normes sur la durabilité naturelle des essences commerciales les plus utilisées en Europe (EN 350 - Partie 1 : *Principes pour tester et classer la durabilité naturelle des bois* - Partie 2 : *Guide pour la durabilité naturelle et l'aptitude au traitement d'essences de bois sélectionnées pour leur importance en Europe*). Cette seconde partie est riche en renseignements sur la durabilité naturelle de 125 essences de bois vis-à-vis :

❑ des champignons lignivores (5 classes de durabilité sont définies),

❑ des insectes xylophages (2 classes),

❑ des termites (3 classes),

❑ des térébrants marins (2 classes).

Cette norme définit également des niveaux d'imprégnabilité pour 4 classes (bois perméable à bois extrêmement résistant).

La notion de durabilité d'un ouvrage dans une essence de bois donnée est tout à fait différente.

Il est certain que des essences reconnues durables vis-à-vis de tous les agents biologiques pourront être utilisées sans traitement dans tous les types d'ouvrages, même ceux pour lesquels un risque important est évalué. Par contre, si une essence de durabilité moyenne doit être interdite pour un haut risque, elle pourra être utilisée sans traitement dans une situation moins sévère.

Il apparaît donc que la durabilité d'une essence ne doit pas se dissocier de l'emploi du bois et la relation doit toujours être faite entre les classes de durabilité vis-à-vis des différents agents biologiques et la situation à laquelle le bois va être exposé.

Il a donc été défini cinq classes de risques qui correspondent aux différentes situations en service auxquelles les bois peuvent être exposés. Partant de la définition de ces classes de risques, une essence de bois donné, compte tenu de sa durabilité naturelle, pourra, dans un emploi donné, être utilisée avec ou sans traitement de préservation.

1.1.10. LES CLASSES DE RISQUES

Les classes de risques (Norme EN 335)

CLASSES	SITUATION EN SERVICE	EXEMPLES D'EMPLOIS	ZONE « SENSIBLE »	RISQUE BIOLOGIQUE
1	Bois toujours sec. Humidité des bois toujours inférieure à 18 %.	Menuiseries intérieures à l'abri de l'humidité : parquets, escaliers intérieurs.	0 à 3 mm	- Insectes à larves - Termites dans les régions infestées
2	Bois sec dont la surface est humidifiée temporairement ou accidentellement. Humidité des bois en moyenne inférieure à 18 %.	Charpente, ossatures correctement ventilées en service.	0 à 3 mm	- Insectes à larves - Champignons de surface - Termites dans les régions infestées
3	Bois soumis à des alternances humidité/sécheresse.	Toutes pièces de construction ou menuiseries extérieures verticales soumises à la pluie : bardages, fenêtres ... Pièces abritées mais en atmosphère condensante.	0 à 6 mm en fonction des risques de stagnation d'eau.	- Champignons de pourriture - Insectes à larves - Termites dans les régions infestées
4	Bois d'humidité toujours supérieure à 20 %, en tout ou partie de son volume.	Bois horizontaux en extérieur (balcons, coursives ...) et bois en contact avec le sol ou une source d'humidification prolongée ou permanente.	Toute la zone non durable naturellement.	- Champignons de pourriture - Insectes à larves y compris termites
5	Bois en contact permanent avec l'eau de mer.	Piliers, pontons, bois immergés.	Toute la zone non durable naturellement.	- Champignons de pourriture - Térébrants marins

La norme EN 335 définit cinq classes de risques décrites dans le tableau ci-dessus.

Cette norme est fondamentale pour le concepteur, le maître d'œuvre ou l'architecte. C'est elle en effet qui va lui permettre de définir, en fonction du type, de la destination et de la situation d'un ouvrage ou d'un élément d'ouvrage, la nature du traitement qu'il devra prescrire.

La notion d'emploi du bois ne devant pas se dissocier des classes de risques, le parallèle « classes de risques - classes de durabilité » est fait dans la norme EN 460 qui est un guide d'utilisation des essences et recommande, pour un emploi donné, l'application d'un traitement. La corrélation rigoureuse entre classes de risques et classes de durabilité nécessite cependant une évaluation d'experts. La définition d'un emploi donné est difficile et si l'on décide d'entreprendre un traitement, il faudra en définir le type, le produit utilisé et tenir compte de l'aptitude de l'essence au traitement .

1.2. RISQUES STRUCTURELS

Selon la température, l'humidité et le milieu, différents agents biologiques sont capables de digérer le bois. La structure et les éléments constitutifs de ce matériau sont à l'origine des altérations que ces agents biologiques provoquent et qu'il convient de prévenir par des traitements préventifs ou d'arrêter par des traitements curatifs.

Ces agents d'altération biologiques sont :

- des insectes,
- des champignons,

Pour les contrôler, l'urgence de l'intervention dépend des risques encourus et de l'ampleur des dégâts qui peuvent affecter la résistance mécanique du bois.

Cette partie aborde dans un premier temps la biologie des insectes puis celle des champignons (voir chapitre 1.2.4).

Sur le plan économique, il est difficile de chiffrer les parts respectives des altérations dues aux insectes à larves xylophages, aux termites et aux champignons. Les études de marché, peu nombreuses, ont principalement porté sur les termites pour lesquels le montant des traitements effectués serait de l'ordre de 300 à 400 000 000 de francs.

Dans le cadre de l'Agrément CTB A+, les entreprises d'application de traitements curatifs et préventifs des bois en œuvre doivent déclarer les chantiers réalisés au CTBA. C'est à partir de ces données que la répartition des différents types de prestations a été établie :

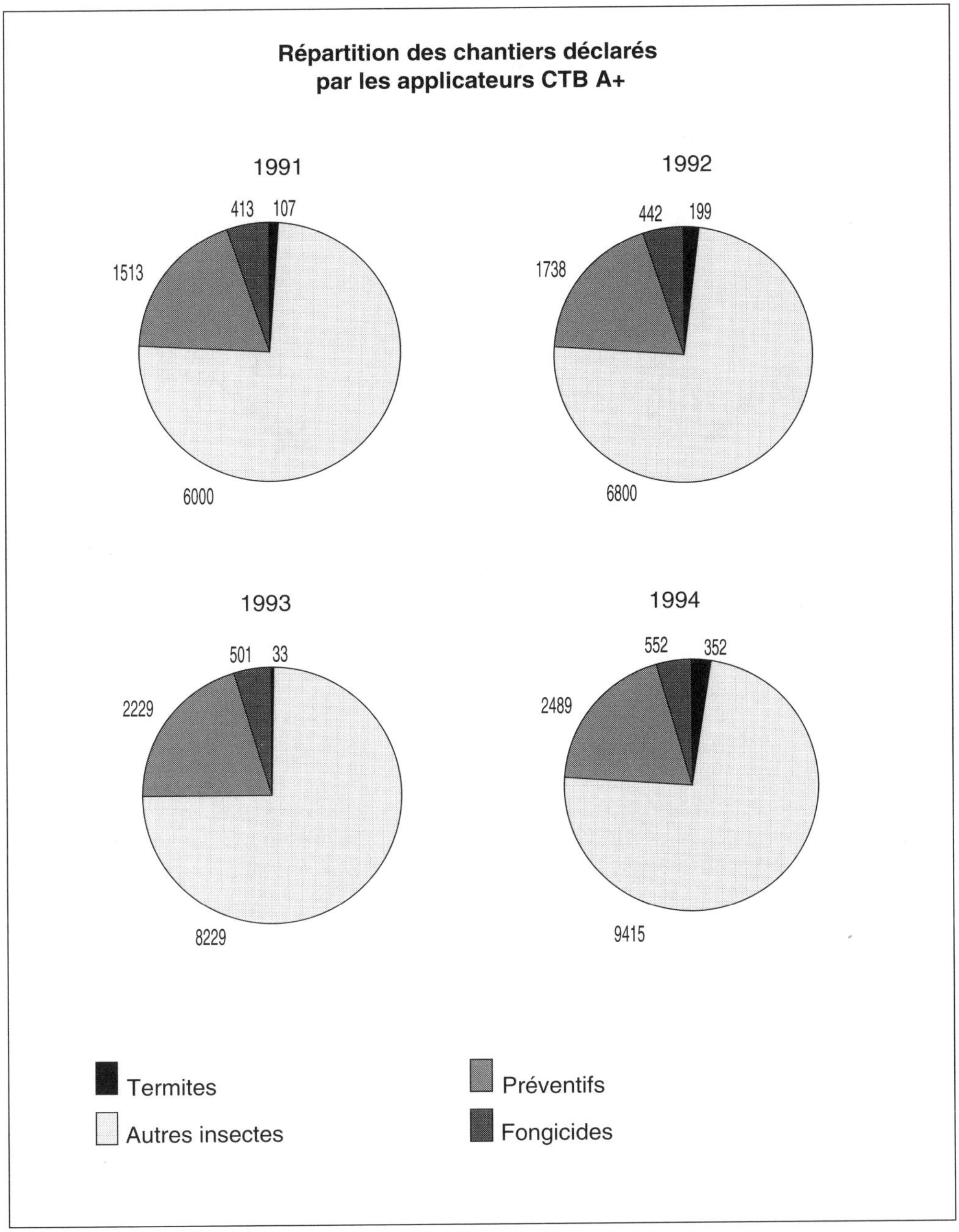

Répartition des chantiers de traitement (données statistiques)

Pour les insectes, le cycle biologique se déroule selon le schéma suivant :

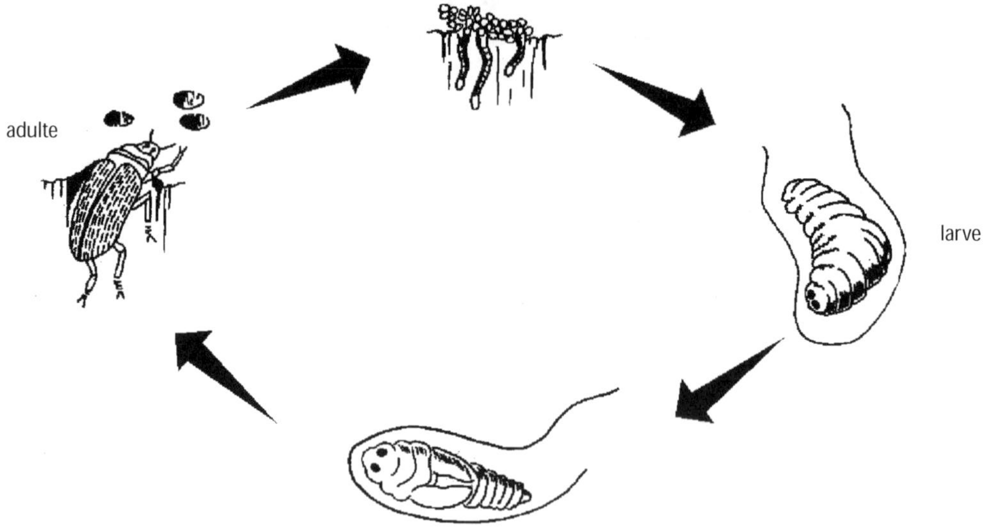

Cycle biologique des insectes xylophages

❑ **Les insectes parfaits** ou adultes sexués, munis d'ailes, ne se nourrissent pas et ne servent qu'à la reproduction. Leur durée de vie est de quelques semaines.

❑ **L'oeuf** a une durée de vie de quelques jours.

❑ **La larve** est le stade de croissance de l'insecte. C'est en se nourrissant qu'elle occasionne des dégâts au bois. Elle grandit par mues successives, la dernière donnant naissance à une nymphe dont la morphologie préfigure celle de l'adulte. Pour les insectes xylophages, la vie larvaire dure plusieurs mois, parfois même plusieurs années chez certaines espèces.

❑ **La nymphe** correspond au stade de repos dans une loge spécialement creusée à cet effet.

Sa morphologie est celle de l'insecte parfait non pigmenté, à l'exception des ailes et de l'appareil génital qui sont alors incomplètement développés. Le stade nymphal dure généralement quelques semaines.

Bien que suivant le même cycle évolutif, les termites, du fait de leur vie sociale, ont une biologie qui les distingue des autres insectes xylophages.

La durée de ce cycle évolutif est plus ou moins influencée par les facteurs suivants :

❑ **Les conditions ambiantes** : chaque espèce d'insecte présente une vitesse optimale de développement pour une température et une humidité relative spécifiques de l'espèce. Ce développement peut être inhibé par des températures basses inférieures à 12°C, et élevées supérieures à 35°C. Les températures supérieures à 60°C deviennent létales, c'est-à-dire mortelles.

❑ **Le degré d'humidité du bois**. Celui-ci est fonction :

- du degré de séchage,

- de l'ambiance dans laquelle le bois est placé.

❑ **La valeur nutritive du bois** dans lequel se trouve la larve. Les larves se nourrissent :

- des substances glucidiques qui constituent soit la paroi cellulaire, la principale étant la cellulose, soit les substances de réserve de l'arbre lorsqu'il était sur pied, la principale étant l'amidon,
- de substances protéiques en très faibles quantités, indispensables à la croissance des larves.

Les insectes parasites du bois peuvent être classés en trois catégories suivant leur mode de vie :

❑ Ceux dont les larves ingèrent le bois pour se nourrir. Ils sont appelés xylophages au sens strict du terme. Suivant l'humidité du bois dans lequel ils se développent, on considère :

- les insectes dits « *de bois secs* » dont le développement se produit dans les bois dont l'humidité se situe entre 7 et 18 %. Ces insectes sont à redouter car les générations peuvent se succéder sur la même pièce de bois jusqu'à destruction totale des parties sensibles.
- les insectes dits « *de bois frais* » qui déposent leurs pontes dans les arbres dépérissants ou dans les grumes fraîchement abattues. Ces insectes commencent leur développement dans les bois dont le taux d'humidité est encore élevé. Ils poursuivent leur cycle biologique dans les mêmes bois devenus secs, ou déjà mis en œuvre, jusqu'à l'envol des insectes adultes. Ces derniers sont incapables de pondre à nouveau sur ces mêmes bois. Le risque est donc limité.

❑ Ceux, de moindre importance, dont les adultes creusent le bois pour installer leur ponte. Ils sont appelés « *nidificateurs* ».

1.2.1. LES INSECTES XYLOPHAGES DE BOIS SECS

Les larves de cette catégorie d'insectes se développent de préférence dans l'aubier et peuvent atteindre le bois parfait des essences non duraminisées. Le duramen, généralement résistant aux insectes, perd sa durabilité vis-à-vis des insectes s'il est dégradé par les champignons lignivores à la suite d'une exposition prolongée à des conditions anormales d'humidité.

Les insectes de bois secs les plus fréquemment rencontrés peuvent être :

- **Des coléoptères** (présence d'élytres) :

- les capricornes des maisons,
- les hespérophanes,
- les grosses vrillettes,
- les petites vrillettes,
- les lyctus,
- les curculionides.

- **Des isoptères** (ailes identiques) :

- les termites souterrains,
- les termites de bois secs.

Le cas des termites est particulier, mais dans un souci de simplification, ils ont été rattachés à cette catégorie.

CAPRICORNE DES MAISONS
Hylotrupes bajulus
Coléoptère Cerambycidae

MORPHOLOGIE

- **Adulte**

  Longueur : de 10 à 20 mm
  Couleur : noir ou brun selon les variétés
  Antennes plus courtes que le corps et plus courtes chez la femelle que chez le mâle
  Prothorax présentant dorsalement deux tubercules
  Élytres rugueux, ornés de deux bandes pubescentes transversales plus ou moins continues, dont on aperçoit quatre taches

- **Larves**

  Longueur : de 20 à 25 mm
  Couleur : blanc-ivoire
  Forme : cylindrique, allongée
  Présence de trois ocelles pigmentées

RÉPARTITION

- Europe, sauf régions au nord des pays scandinaves
- Afrique du Nord et du Sud
- Amérique du Nord : est des États-Unis
- Amérique latine : Argentine et Uruguay
- Asie

CYCLE ÉVOLUTIF

- **Adulte**

  Apparition de juin à août
  Durée de vie : 3 semaines pour le mâle et 2 semaines pour la femelle

- **Ponte**

  de 40 à 100 œufs dans les fentes ou fissures du bois

- **Éclosion des larves**

  2 semaines plus tard

CAPRICORNE DES MAISONS
Hylotrupes bajulus
Coléoptère Cerambycidae

- **Développement larvaire**

  Dans l'aubier ou le bois parfait non duraminisé

- **Durée de la nymphose**

  2 semaines dans une loge près de la surface du bois

- **Durée du cycle évolutif**

  De 3 à 5 ans

Bois attaqués

- Essences résineuses
- L'humidité doit être inférieure à 30 % (bois mis en œuvre ou stockés).

Aspect des dégâts

- Trous d'envol des insectes ailés de forme ovale dont le grand axe a une longueur comprise entre 6 et 10 mm ; les bords de ce trou ne sont pas toujours très réguliers.
- Galeries de forme également ovalaire souvent parallèles au fil du bois avec des parois légèrement striées.
- Vermoulure qui, lorsqu'elle est fraîche, est constituée de courts cylindres, s'effritant très facilement. Aussi ce critère n'est-il pas toujours fiable.

HESPÉROPHANES
Hesperophanes cinereus (Vill.)
Coléoptère Cerambycidae

MORPHOLOGIE

- **Adulte**

  Longueur : de 13 à 24 mm
  Couleur : brun-rouge, aspect marbré dû à une pubescence cendrée ou blanchâtre
  Antennes du mâle de la longueur du corps et celles de la femelle un tiers plus courtes. Chez celle-ci, oviducte saillant.

- **Larve**

  Longueur : de 25 à 30 mm
  Couleur : blanc-ivoire
  Forme : cylindrique, allongée
  Présence de trois ocelles pigmentées

RÉPARTITION

- Europe méridionale
- Asie : Caucase et Crimée
- Afrique du nord

CYCLE ÉVOLUTIF

- **Adulte**

  Apparition de mai à août

- **Ponte**

  Dans les fentes ou dans les fissures du bois

- **Développement larvaire**

  Dans l'aubier ou le bois parfait duraminisé

- **Durée du cycle évolutif**

  2 ans ou plus

HESPÉROPHANES
Hesperophanes cinereus (Vill.)
Coléoptère Cerambycidae

BOIS ATTAQUÉS

- Bois stockés dont l'humidité est inférieure à 30 %
- Bois d'œuvre
- Essences : feuillues.

ASPECT DES DÉGÂTS

- Trous de sortie de forme ovale et mesurant environ 12 mm.
- Galeries de section ovalaire, parallèles au fil du bois et possédant des parois striées.
- Vermoulure constituée de petits tonnelets de 0,8 x 0,5 mm et de couleur jaune clair.

GROSSE VRILLETTE
Xestobium rufovillosum (de Geer)
Coléoptère Anobiidae

MORPHOLOGIE

- **Adulte**

Longueur : de 5 à 7 mm
Couleur : brun foncé, aspect marbré dû à des touffes de poils jaunâtres
Antennes avec une massue de trois articles allongés
Corselets (sorte de capuchon qui recouvre la tête) de forme triangulaire, arrondi aux angles
Élytres : non striés

- **Larve**

Longueur : de 6 à 11 mm
Couleur : blanc laiteux
Forme : arquée, pilosité abondante
Présence de spinules, dorsalement sur les segments abdominaux à l'exception du dernier, et ventralement sur les deux derniers.

RÉPARTITION

- Europe
- Afrique du Nord
- Amérique du Nord

CYCLE ÉVOLUTIF

- **Adulte**

Apparition d'avril à mai
Durée de vie : environ 9 semaines

- **Ponte**

100 œufs en moyenne dans les fentes ou les rugosités de la surface du bois sur les parois des anciennes galeries

- **Éclosion des larves**

5 semaines plus tard

GROSSE VRILLETTE
Xestobium rufovillosum (de Geer)
Coléoptère Anobiidae

- **Développement larvaire**

  Dans l'aubier, le bois parfait et le duramen

- **Durée de la nymphose**

  De 2 à 3 semaines

- **Durée du cycle évolutif**

  De 1 à 10 ans suivant le degré d'altération cryptogamique du bois

Bois attaqués

- Bois d'œuvre infestés par un champignon de pourriture cubique ou fibreuse
- Essences résineuses ou feuillues

Aspect des dégâts

- Trous de sortie circulaires de 2 à 4 mm de diamètre
- Galeries circulaires de même diamètre que le trou, orientées dans le sens du fil du bois
- Vermoulure granuleuse en forme de lentille de près de 1 mm de diamètre

Au mois d'avril ou mai, période de sortie de l'insecte adulte, les bois infestés font parfois entendre un bruit sec, régulier et périodique.

PETITE VRILLETTE
Anobium punctatum (de Geer)
Coléoptère Anobiidae

MORPHOLOGIE

- **Adulte**

  Longueur : de 2,5 à 5 mm
  Couleur : brun plus ou moins foncé
  Antennes avec une massue de trois articles allongés
  Corselet (sorte de capuchon qui recouvre la tête) plus étroit que les élytres
  Élytres : régulièrement striés

- **Larve**

  Longueur : de 5 à 7 mm
  Couleur : blanche
  Forme : arquée

RÉPARTITION : ZONES À CLIMAT TEMPÉRÉ

- Europe, Amérique (est des États-Unis), Afrique du Sud, Australie, Nouvelle-Zélande

CYCLE ÉVOLUTIF

- **Adulte**

  Apparition de mai à septembre
  Durée de vie : environ 3 à 4 semaines

- **Ponte**

  De 20 à 30 œufs dans les fentes ou les rugosités de la surface du bois ou sur les parois des anciennes galeries

- **Éclosion des larves**

  4 à 5 semaines plus tard

- **Développement larvaire**

  Dans l'aubier, le bois parfait et le duramen

- **Durée de la nymphose**

  De 2 à 3 semaines

PETITE VRILLETTE
Anobium punctatum (de Geer)
Coléoptère Anobiidae

- **Durée du cycle évolutif**

  De 1 à 4 ans selon les conditions climatiques, raccourcie par une attaque de champignons lignivores

Bois attaqués

- Bois mis en œuvre
- Meubles, objets d'art, vieux livres et papiers
- Essences : résineuses et feuillues, uniquement la partie aubieuse si le bois est duraminisé, en totalité en cas d'attaque de champignons lignivores.
- Les essences tropicales semblent résistantes.

Aspect des dégâts

- Trous de sortie circulaires de 1 à 3 mm de diamètre
- Galeries circulaires de même diamètre que le trou, orientées dans le sens du fil du bois
- Vermoulure finement granuleuse. Si les trous de sortie sont facilement confondus avec ceux du Lyctus, on distingue l'attaque des insectes par la vermoulure non granuleuse chez le Lyctus.

PTILINUS PECTINICORNIS L.
Coléoptère Anobiidae

MORPHOLOGIE

- **Adulte**

Longueur : 3,5 à 5,5 mm
Couleur : brun sombre avec des élytres un peu plus clairs
Antennes : pectinées chez le mâle, denticulées chez la femelle
Prothorax globuleux, finement granuleux
Élytres : non striés, recouverts de fins granules

- **Larve**

Longueur : 5 à 7 mm
Couleur : blanc crémeux
Forme : arquée
Présence de spinules sur le métathorax et dorsalement sur les segments abdominaux (à l'exception du dernier)

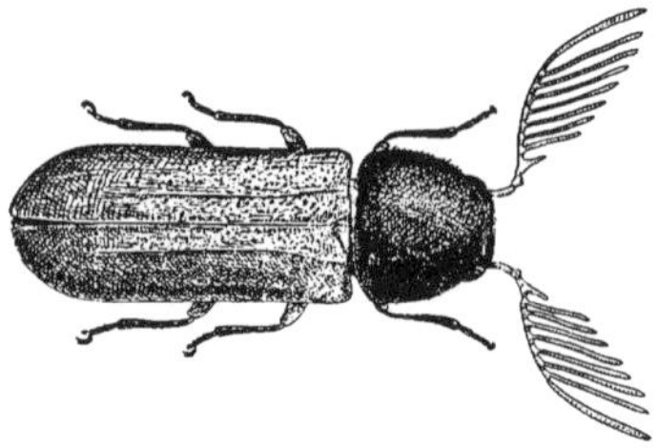

Ptilinus
insecte

Ptilinus
Aspect des dégâts

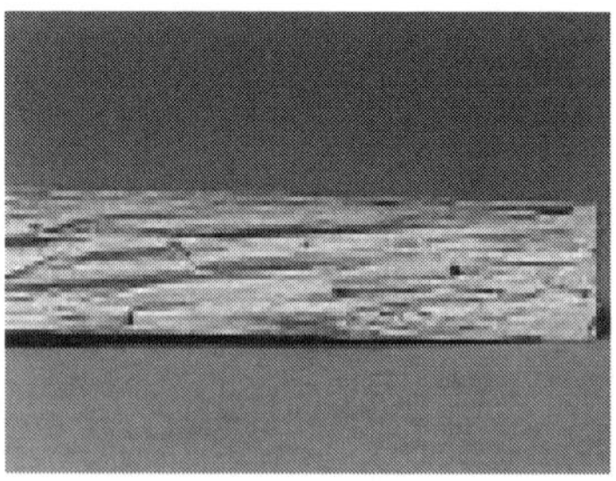

PTILINUS PECTINICORNIS L.
Coléoptère Anobiidae

Répartition

- Europe à l'exception des régions trop nordiques, Asie occidentale, Amérique Centrale : Mexique

Cycle évolutif

- **Adulte**
  Apparition de fin mai à mi-juillet
- **Ponte**
  Dans les vaisseaux du bois, à l'intérieur de galeries d'incubation creusées par les femelles
- **Développement larvaire**
  Dans l'aubier, le bois parfait et le duramen
- **Durée de la nymphose**
  4 semaines environ
- **Durée du cycle évolutif**
  2 ans ou plus

Bois attaqués

- Arbres morts
- Bois mis en œuvre
- Meubles et objets d'art
- Vieux livres et papiers
- Essences : principalement feuillues

Aspect des dégâts

- Trous de sortie : circulaires de 2 à 3 mm
- Galeries : de section circulaire, parallèles au fil du bois et dont les parois sont cannelées comme les rayures du canon d'un fusil.
- Vermoulure : présente, très compacte

ERNOBIUS MOLLIS L.
Coléoptère Anobiidae

Morphologie

- **Adulte**

  Longueur : 3 à 6 mm
  Couleur : rouge brun
  Antennes filiformes
  Tête recouverte partiellement par le thorax
  Corps recouvert par une abondante pilosité
  Élytres : lisses

- **Larve**

  Longueur : 8 à 12 mm
  Couleur : blanc crémeux
  Forme : arquée
  Présence de pattes

Répartition

- Europe du Nord, Scandinavie, Amérique du Nord, Afrique du Sud, Nouvelle Zélande, Nouvelle Calédonie

Cycle évolutif

- **Adulte**

  Apparition de juin à août

- **Ponte**

  Dans l'écorce

- **Développement larvaire**

  Dans l'écorce et les couches externes de l'aubier. À proximité des canaux ou des poches de résine

- **Durée de la nymphose**

  10 jours

- **Durée du cycle évolutif**

  De 1 à 2 ans

ERNOBIUS MOLLIS L.
Coléoptère Anobiidae

Bois attaqués

- Arbres morts non écorcés
- Bois mis en œuvre non écorcés
- Essences : résineuses seulement

Aspect des dégâts

- Trous de sortie : circulaires de 1,5 à 2 mm de diamètre
- Galeries : circulaires sous l'écorce
- Vermoulure : granuleuse de la couleur de l'écorce

LES CURCULIONIDES
Charançons du bois
Coléoptère Curculionides

Cette famille d'insectes est plutôt connue pour les dégâts occasionnés aux céréales. Cependant une vingtaine d'espèces sont susceptibles d'infester les bois ayant fait au préalable l'objet d'une attaque de champignons.

MORPHOLOGIE

- **Adulte**

  Longueur : de 2 à 5 mm
  Couleur : brun
  Antennes : coudées, plaçées à mi-longueur sur un rostre proéminent

- **Larve**

  Longueur : de 3 à 4 mm
  Couleur : blanche
  Forme : fortement arquée
  Présence de très fines épines sclérifiées sur les téguments

RÉPARTITION

Pays à climat tempéré

CYCLE ÉVOLUTIF

- **Adulte**

  Apparition tout le long de l'année
  Durée de vie : jusqu'à 16 mois, restent dans les galeries et continuent de creuser

- **Ponte**

  De 20 à 30 œufs sont déposés dans les fentes ou les aspérités du bois

- **Développement larvaire**

  Dans l'aubier, le bois parfait et le duramen

- **Durée du cycle larvaire**

  1 an

LES CURCULIONIDES
Charançons du bois
Coléoptère Curculionides

Bois attaqués

- Bois mis en œuvre
- Meubles
- Essences : feuillues et résineuses, préalablement et simultanément dégradées par des champignons lignivores

Aspect des dégâts

- Trous de sortie : ovales de 1,5 à 2 mm de diamètre
- Galeries : ovales parallèles au fil du bois
- Vermoulure : très fine, grains de formes hétérogènes

LYCTUS
Lyctus brunneus (Steph.) et *Lyctus linearis* (Goeze)
Coléoptères Lyctidae

MORPHOLOGIE

- **Adulte**

– *L. brunneus :*
Longueur : de 2,5 à 6 mm
Couleur : brun roux
Antennes de même longueur que le pronotum
Prothorax sensiblement plus large en avant qu'en arrière, nettement déprimé au centre
Élytres recouverts de poils irrégulièrement répartis

– *L. linearis* :
Longueur : de 2,5 à 6 mm
Couleur : brune
Antennes plus longues que le pronotum
Prothorax à bords parallèles, nettement déprimé au centre
Élytres recouverts de poils répartis sur des lignes longitudinales

- **Larve**

Longueur : de 5 à 7 mm
Couleur : blanchâtre, glabre
Forme : arquée

RÉPARTITION

- *L. brunneus* :

Monde entier

- *L. linearis* :

Europe : très commun, mais en voie de régression par rapport à *L. brunneus*

CYCLE ÉVOLUTIF

- **Adulte**

Apparition d'avril à septembre
Durée de vie : de 2 à 3 semaines pour le mâle, 6 semaines pour la femelle

LYCTUS
Lyctus brunneus (Steph.) et *Lyctus linearis* (Goeze)
Coléoptères Lyctidae

- **Ponte**

  Dans les vaisseaux de l'aubier (diamètre > 0,05 mm)

- **Éclosion des larves**

  1 à 2 semaines plus tard

- **Développement larvaire**

  Dans l'aubier ou le bois parfait non duraminisé

- **Durée de la nymphose**

  De 3 à 4 semaines

- **Durée du cycle évolutif**

  De 8 à 12 mois

Bois attaqués

- Bois mis en œuvre, meubles
- Uniquement les essences feuillues indigènes ou tropicales qui doivent :
  - posséder des parties aubieuses dont les vaisseaux sont suffisamment gros (diamètre ≥ 0,05 mm) pour que la femelle puisse y introduire sa tarière au moment de la ponte,
  - présenter une teneur en amidon suffisamment riche.

Aspect des dégâts

- Trous de sortie circulaires de 1 à 2 mm de diamètre
- Galeries de section circulaire, parallèles au fil du bois
- Vermoulure fine, aspect fleur de farine

BOSTRYCHUS CAPUCINUS L.
Coléoptère Bostrychidae

MORPHOLOGIE

- **Adulte**

  Longueur : 9 à 14 mm
  Forme cylindrique aux élytres ponctués rouge brique ou noirs
  Tête recouverte par le pronotum noir
  Antennes de 10 articles

- **Larve**

  Longueur : 8 à 16 mm
  Couleur : blanchâtre
  Forme : arquée

Bostryche
insecte

Bostryche
Aspect des dégâts

BOSTRYCHUS CAPUCINUS L.
Coléoptère Bostrychidae

Répartition

- Europe
- Afrique du Nord

Cycle biologique

- **Adulte**
  Apparition d'avril à juillet
- **Ponte**
  De 50 à 500 œufs dans les fentes ou rugosité de la surface du bois ou sur les parois des anciennes galeries
- **Développement larvaire**
  Dans l'aubier et le bois parfait non duraminisé
- **Durée de la nymphose**
  7 à 12 jours
- **Durée du cycle évolutif**
  1 an

Bois attaqués

- Arbres fraîchement abattus
- Sciages, avivés
- Bois mis en œuvre
- Essences : feuillues riches en amidon.

Aspect des dégâts

- Trous de sortie : circulaires de 3 à 5 mm
- Galeries : section ovalaire
- Vermoulure : fine, fortement tassée

TERMITES SOUTERRAINS
Reticulitermes santonensis (de Feytaud)
Reticulitermes lucifugus (Rossi)
Isoptères Rhinotermitidae

MORPHOLOGIE

Les termites souterrains ne doivent pas être confondus avec les fourmis (voir p. 55). Leur morphologie diffère selon les castes. On note la présence de cerques sur le dernier segment abdominal pour tous les individus.

- **Reproducteurs**

Longueur : de 8 à 10 mm
Couleur : noire
Ailes : noires
Abdomen : même largeur que le thorax

- **Ouvriers**

Longueur : de 4 à 6 mm
Couleur : blanchâtre
Sans ailes

- **Soldats**

Longueur : 8 mm
Couleur : blanchâtre à l'exception de la tête qui est marron clair
Tête : fortes mandibules caractéristiques

- **Larves**

Pas de stade larvaire différencié
Taille : plus petite
Couleur : translucide

RÉPARTITION

R. santonensis :

France, Guyanne Française, Palestine

R. lucifugus :

Tout le pourtour méditerranéen

TERMITES SOUTERRAINS

Reticulitermes santonensis (de Feytaud)

Reticulitermes lucifugus (Rossi)

Isoptères Rhinotermitidae

Répartition géographique des termites en France 1997

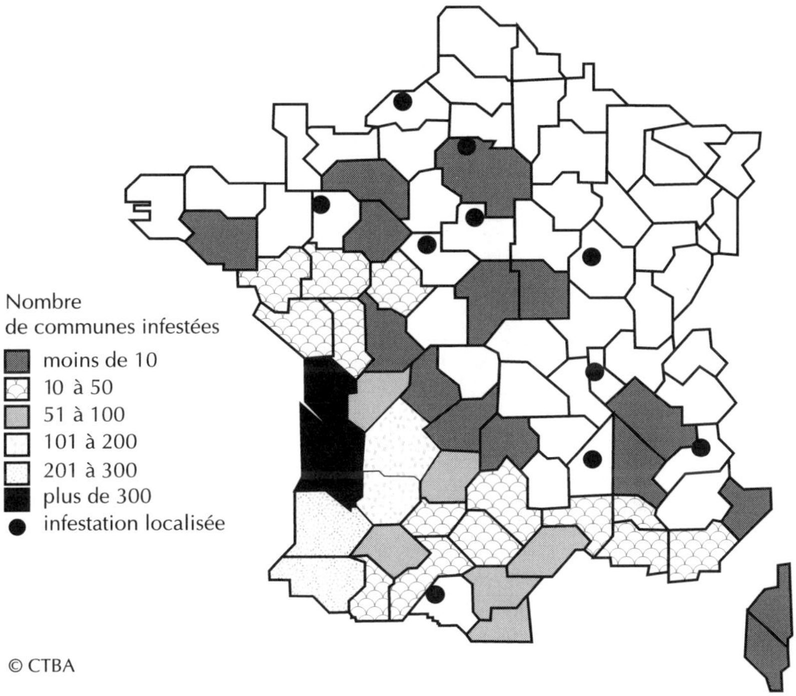

TERMITES SOUTERRAINS
Reticulitermes santonensis (de Feytaud)
Reticulitermes lucifugus (Rossi)
Isoptères Rhinotermitidae

BOIS ATTAQUÉS

- Toutes les essences à l'exception du duramen de quelques essences tropicales particulièrement denses
- Préférence pour les bois altérés par les champignons

ASPECT DES DÉGÂTS

- Dans le bois : présence de lacunes toujours vides de vermoulure tapissées de concrétions (ciment)
- Sur les murs : présence de galeries-tunnels, petits orifices aux bords noircis

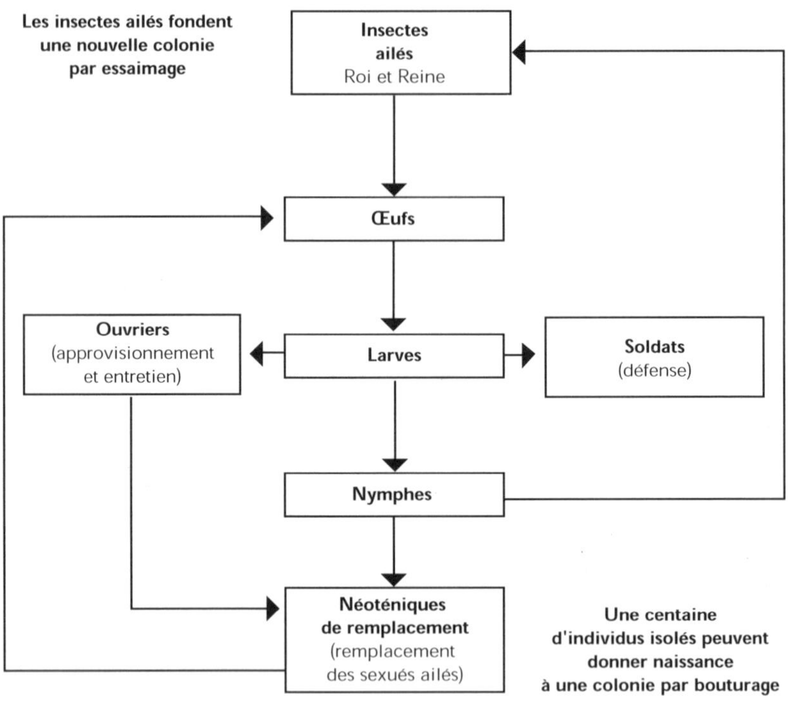

Cycle biologique des termites souterrains

TERMITES DE BOIS SECS
Kalotermes flavicollis, Cryptotermes spp.
Isoptères Kalotermitidae

MORPHOLOGIE

Les termites de bois secs ne doivent pas être confondus avec les fourmis (voir p. 55). Leur morphologie diffère selon les castes.

- **Reproducteurs ailés**

Longueur : 8 à 10 mm
Couleur : jaune pâle à brun foncé
Thorax jaune pour le *Kalotermes* (termite à cou jaune)
Ailes : membraneuses identiques
Abdomen : même largeur que le thorax
L'essaimage a lieu en été, pendant la nuit.

- **Nymphes**

Longueur : 4 à 6 mm
Couleur : blanc ou crème
Elles remplissent les fonctions des ouvriers des termites souterrains.

- **Soldats**

Longueur : 8 mm
Couleur : blanchâtre avec une tête proéminente marron, armée de fortes mandibules.

- **Larves**

Même aspect que les nymphes, mais plus petites et translucides.

Caractères communs à toutes les castes :

Présence de cerques sur le dernier segment abdominal et thorax plus large que la tête.

RÉPARTITION

Zone tropicale et sud tropicale.

Kalotermes flavicollis : pourtour méditerranéen.

Cryptotermes : sud de l'Europe ; un cas en Charente Maritime.

TERMITES DE BOIS SECS
Kalotermes flavicollis, Cryptotermes spp.
Isoptères Kalotermitidae

BOIS ATTAQUÉS

- Arbres et végétaux morts, parfois dans la construction pour les *Kalotermes*.
- Bois de construction, toutes essences pour *Cryptotermes*.

Les colonies sont moins populeuses que celles des termites souterrains.

Le nid est dans le bois sec, sans communication avec le sol.

ASPECT DES DÉGÂTS

- Bois d'apparence feuilletée, comme les termites souterrains, mais avec présence de vermoulure.
- La vermoulure ressemble à des graines de 0,5 à 1 mm, avec des faces concaves.
- Pas de galeries-tunnels sur les murs

1.2.2. LES INSECTES XYLOPHAGES DE BOIS FRAIS

Ces insectes ont un cycle évolutif identique à celui des insectes xylophages de bois secs. Les femelles déposent leurs œufs sous l'écorce ou dans les couches périphériques des arbres dépérissants ou des grumes fraîchement abattues. Au cours de leur développement, ces insectes s'enfoncent plus ou moins profondément dans le bois. Leur cycle biologique s'étale au minimum sur un an, mais atteint plus généralement 2 ou 3 ans.

Ces insectes sont principalement des Siricides (Sirex) et des Cerambycides. En ce qui concerne cette dernière famille, seules les espèces les plus fréquemment rencontrées sont ici prises en compte.

SIREX
Sirex noctilio F. - Sirex juvencus L. - Urocerus gigas L.
Hyménoptères Siricidae

MORPHOLOGIE

- **Adulte**

Longueur : de 10 à 50 mm
Couleur : coloration variable suivant le sexe et l'espèce (jaune, noire et bleue)
Antennes filiformes en forme de scie
Présence d'une tarière proéminente chez la femelle

- **Larve**

Longueur : de 20 à 40 mm
Couleur : blanc-ivoire
Forme : cylindrique
Présence d'une épine chitineuse sur le dernier segment abdominal

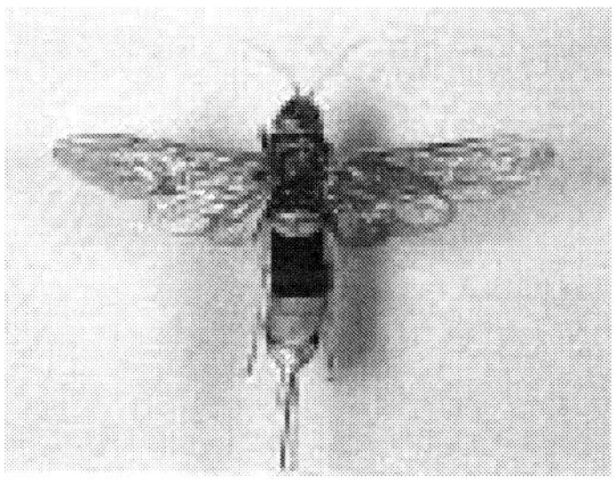

Sirex (Photo A.et J. Six)
insecte

Sirex
Aspect des dégâts

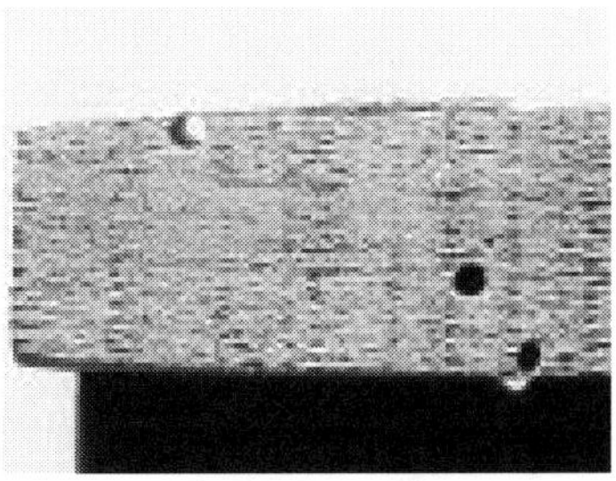

SIREX
Sirex noctilio F. - Sirex juvencus L. - Urocerus gigas L.
Hyménoptères Siricidae

Répartition

- Europe : France, Angleterre, Allemagne... Toutes régions tempérées et froides
- Australie, Nouvelle Zélande

Cycle évolutif

- **Adulte**

  Apparition de juin à octobre

- **Ponte**

  De 50 à 500 œufs à l'intérieur du bois. La femelle pond au moyen de sa tarière et inocule simultanément un champignon de la famille des Stereum, indispensable au développement larvaire.

- **Éclosion des larves**

  3 à 4 semaines plus tard

- **Développement larvaire**

  Dans le bois frais, y compris le duramen, peut s'achever dans le bois mis en œuvre.

- **Durée du cycle évolutif**

  De 2 à 3 ans

Bois attaqués

- Essences résineuses
- Bois fraîchement abattus non écorcés
- Arbres sur pied dépérissants

Aspect des dégâts

- Trous de sortie circulaires
- Galeries : section circulaire de 3 à 6 mm, perpendiculaires au fil du bois
- Vermoulure : tassée

CERAMBYX SCOPOLII Füssl.
Coléoptère Cerambycidae

Morphologie

- **Adulte**

  Longueur : de 16 à 28 mm
  Couleur : noir brillant
  Yeux échancrés à facettes nombreuses
  Antennes : très longues, surtout chez le mâle où elles dépassent la longueur du corps
  Prothorax épineux latéralement et sillonné de rides transverses de disposition variable
  Élytres grossièrement ridés

- **Larve**

  Longueur : de 35 à 50 mm
  Couleur : jaunâtre
  Forme : cylindrique, allongée

Répartition

- Europe

Cycle évolutif

- **Adulte**

  Apparition d'avril à août

- **Ponte**

  Dans les fissures du bois

- **Développement larvaire**

  Entre l'écorce et l'aubier au début, puis dans le bois où la larve peut s'enfoncer jusqu'au bois parfait.

- **Durée du cycle évolutif**

  de 2 ans

CERAMBYX SCOPOLII Füssl.
Coléoptère Cerambycidae

Bois attaqués

- Arbres sur pied dépérissants
- Bois fraîchement abattus, non écorcés
- Essences : feuillues

Aspect des dégâts

- Trous de sortie : ovales
- Galeries : section ovalaire

ARHOPALUS TRISTIS F.
Criocephalus polonicus Motsch.
Coléoptère Cerambycidae

MORPHOLOGIE

- **Adulte**

Longueur : de 9 à 27 mm
Couleur : brun-noir foncé
Yeux volumineux, à facettes grossières
Antennes : plus courtes que le corps dans les 2 sexes
Pronotum fortement bosselé, sillonné par une ligne médiane et présentant deux dépressions latérales peu apparentes
Élytres présentant deux côtes longitudinales, arrondis à l'apex

- **Larve**

Longueur : de 30 à 35 mm
Couleur : blanc-crème
Forme : cylindrique, allongée

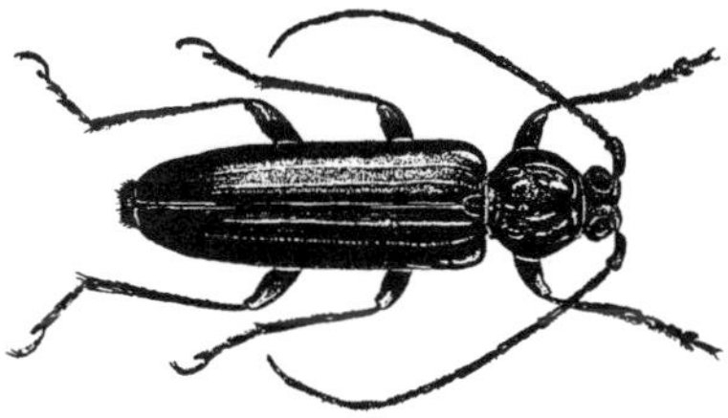

Arhopalus tristis
insecte

Arhopalus tristis
Aspect des dégâts

ARHOPALUS TRISTIS F.
Criocephalus polonicus Motsch.
Coléoptère Cerambycidae

RÉPARTITION

- Europe jusqu'en Transcaucasie
- Asie : Syrie et Chine
- Afrique du Nord
- Iles Canaries

CYCLE ÉVOLUTIF

- **Adulte**
  Apparition de juillet à août.
- **Ponte**
  Dans les fissures du bois
- **Développement larvaire**
  Entre l'écorce et l'aubier, qui peut s'achever dans le bois mis en œuvre
- **Nymphose**
  Dans un élargissement de la galerie creusée dans le bois laissé libre de vermoulure
- **Durée du cycle évolutif**
  De 2 à 3 ans

BOIS ATTAQUÉS

- Arbres sur pied dépérissants
- Bois fraîchement abattus non écorcés
- Essences : résineuses

ASPECT DES DÉGÂTS

- Trous de sortie : ovales
- Galeries : section ovalaire
- Vermoulure : tassée

ARHOPALUS RUSTICUS L.
Coléoptère Cerambycidae

MORPHOLOGIE

- **Adulte**

Longueur : de 10 à 27 mm
Couleur : brun-roux foncé
Yeux volumineux, à facettes grossières entièrement pubescents
Antennes : plus courtes que le corps dans les deux sexes
Pronotum fortement bosselé, sillonné par une ligne médiane et présentant deux dépressions latérales bien visibles
Élytres présentant deux côtes longitudinales, à apex anguleux

- **Larve**

Longueur : de 30 à 35 mm
Couleur : blanc-crème
Forme : cylindrique, allongée

Arhopalus rusticus

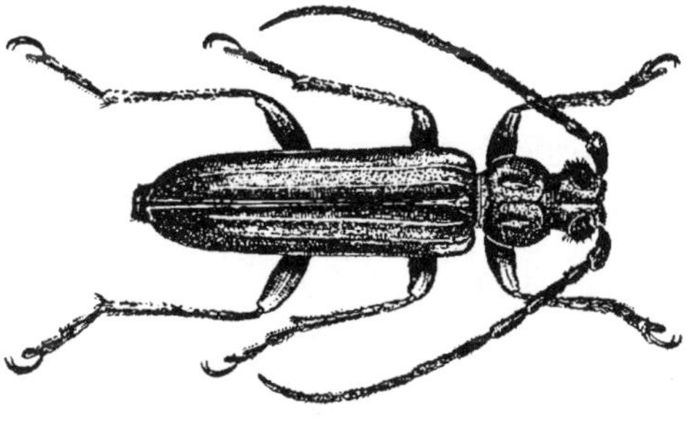

ARHOPALUS RUSTICUS L.
Coléoptère Cerambycidae

Répartition

- Europe
- Asie : régions du nord jusqu'au Japon
- Afrique du Nord
- Amérique du Nord

Cycle évolutif

- **Adulte**

  Apparition de juillet à août
- **Ponte**

  Dans les fissures du bois
- **Développement larvaire**

  Entre l'écorce et l'aubier, peut s'achever dans le bois mis en œuvre
- **Nymphose**

  Dans un élargissement de la galerie creusée dans le bois laissé libre de vermoulure
- **Durée du cycle évolutif**

  De 2 à 3 ans

Bois attaqués

- Arbres sur pied dépérissants
- Bois fraîchement abattus non écorcés
- Essences : résineuses

Aspect des dégâts

- Trous de sortie : ovales
- Galeries : section ovalaire
- Vermoulure : tassée

PLAGIONOTUS ARCUATUS L.
Coléoptère Cerambycidae

MORPHOLOGIE

- **Adulte**

  Longueur : de 8 à 18 mm
  Couleur : corps noir avec des points et des bandes jaunes dont la disposition sur les élytres est caractéristique de la variété
  Yeux échancrés
  Articles moyens des antennes échancrés et dentés

- **Larve**

  Longueur : de 25 à 30 mm
  Couleur : blanc-crème
  Forme : cylindrique, allongée
  Pattes : absentes
  Ocelles : une paire latérale

Plagionotus arcuatus

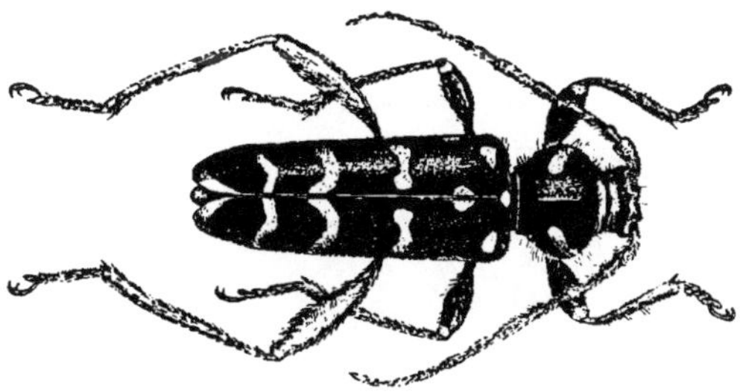

PLAGIONOTUS ARCUATUS L.
Coléoptère Cerambycidae

RÉPARTITION

- Europe
- Asie occidentale
- Afrique du Nord

CYCLE ÉVOLUTIF

- **Adulte**

  Apparition de mai à août

- **Ponte**

  Dans les fissures de l'écorce

- **Développement larvaire**

  Entre l'écorce et l'aubier, peut s'achever dans le bois mis en œuvre

- **Durée de la nymphose**

  Trois semaines, dans une loge creusée dans l'aubier à quelques centimètres de profondeur

- **Durée du cycle évolutif**

  De 1 à 2 ans

BOIS ATTAQUÉS

- Arbres sur pied dépérissants
- Bois fraîchement abattus non écorcés
- Bois secs non écorcés, placés en extérieur : poteaux, clôture...
- Essences : feuillues

ASPECT DES DÉGÂTS

- Trous de sortie : ovales
- Galeries : section ovalaire de 20 mm (dans son plus grand diamètre)
- Vermoulure : poudreuse, légèrement tassée

PYRRHIDIUM SANGUINEUM L.
Coléoptère Cerambycidae

MORPHOLOGIE

- **Adulte**

Longueur : de 6 à 15 mm
Couleur : brun-noir
Nombreuses soies sur la tête, les antennes et les pattes
Prothorax anguleux avec une protubérance médiane lisse
Élytres ocres, recouverts d'une pubescence rouge

- **Larve**

Longueur de 15 à 18 mm
Couleur : jaunâtre
Forme : cylindrique, allongée
Pattes présentes

RÉPARTITION

- Europe centrale et méridionale

Pyrrhidium sanguineum

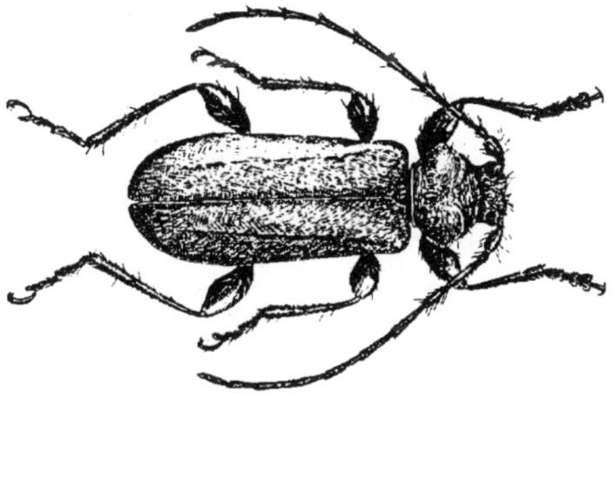

PYRRHIDIUM SANGUINEUM L.
Coléoptère Cerambycidae

CYCLE ÉVOLUTIF

- **Adulte**

  Apparition de février à mai

- **Ponte**

  Dans les fissures de l'écorce

- **Développement larvaire**

  Entre l'écorce et l'aubier, qui peut s'achever dans le bois mis en œuvre

- **Durée de la nymphose**

  De 2 à 3 semaines, dans une loge creusée dans l'aubier à quelques centimètres de profondeur

- **Durée du cycle évolutif**

  De 1 à 2 ans

BOIS ATTAQUÉS

- Arbres sur pied dépérissants
- Bois fraîchement abattus non écorcés, souvent au niveau des branches (bois de chauffage)
- Essences : feuillues et rarement résineuses

ASPECT DES DÉGÂTS

- Trous de sortie : ovales
- Galeries : section ovalaire et très aplatie, 10 mm dans son plus grand diamètre
- Vermoulure : présente

CALLIDIUM VIOLACEUM L.
Coléoptère Cerambycidae

Morphologie

- **Adulte**

  Longueur : de 8 à 16 mm
  Couleur : bleu-violet métallique
  Pronotum transverse fortement arrondi latéralement, à ponctuation forte
  Élytres à gros points enfoncés et quelques fines rides transversales, réticulation irrégulière

- **Larve**

  Longueur : de 16 à 22 mm
  Couleur : blanc-crème
  Forme : cylindrique, allongée
  Pattes sombres très visibles

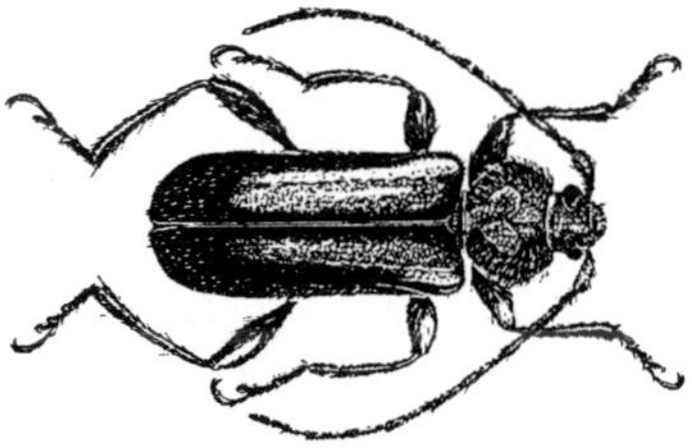

Callidium violaceum
Insecte

Callidium violaceum
Aspect des dégâts

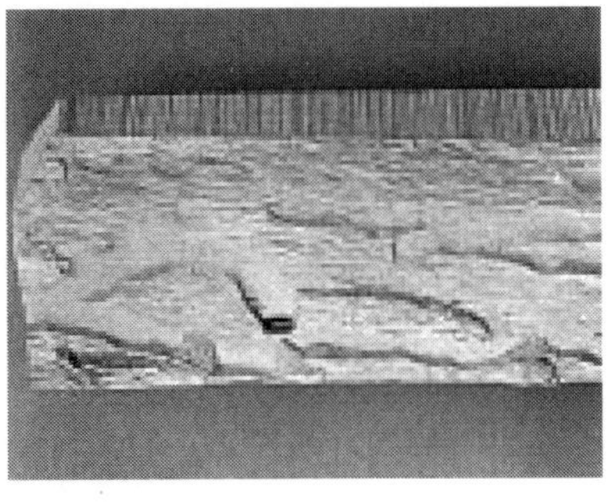

CALLIDIUM VIOLACEUM L.
Coléoptère Cerambycidae

Répartition

- Europe : régions montagneuses
- Asie : Sibérie, Mongolie, Mandchourie, Corée, Japon
- Amérique du Nord

Cycle évolutif

- **Adulte**
  Apparition de mai à août
- **Ponte**
  Dans les fissures de l'écorce
- **Développement larvaire**
  Entre l'écorce et l'aubier, peut s'achever dans le bois mis en œuvre
- **Nymphose**
  Dans une loge creusée dans l'aubier à quelques centimètres de profondeur
- **Durée du cycle évolutif**
  De 1 à 2 ans

Bois attaqués

- Arbres sur pied dépérissants
- Bois fraîchement abattus non écorcés
- Bois secs non écorcés placés en extérieur : poteaux, clôtures...
- Essences : résineuses, feuillues occasionnellement

Aspect des dégâts

- Trous de sortie : ovales
- Galeries : section ovalaire
- Vermoulure : présente

PHYMATODES TESTACEUS L.
Coléoptère Cerambycidae

MORPHOLOGIE

- **Adulte**

  Longueur : de 6 à 18 mm
  Couleur : suivant les variétés, du brun-jaune au bleu-noir
  Pronotum aussi long que large, à surface bosselée, à ponctuation irrégulière, laissant des espaces lisses
  Élytres à ponctuation fine et espacée. Présence d'une côte oblique

- **Larve**

  Longueur : de 15 à 20 mm
  Couleur : blanc-crème
  Forme : cylindrique, allongée
  Pattes présentes

RÉPARTITION

- Europe
- Asie : Iran
- Afrique du Nord
- Amérique du Nord : partie orientale

Phymatodes testaceus
Insecte

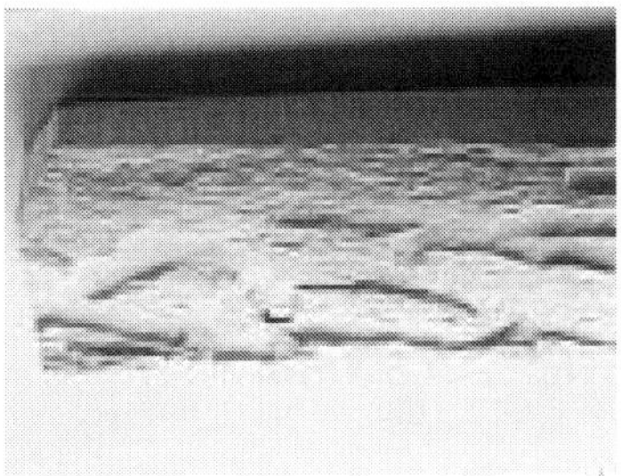

Phymatodes testaceus
Aspect des dégâts

PHYMATODES TESTACEUS L.
Coléoptère Cerambycidae

CYCLE ÉVOLUTIF

- **Adulte**

  Apparition de mai à août

- **Ponte**

  Dans les fissures de l'écorce

- **Développement larvaire**

  Entre l'écorce et l'aubier, peut s'achever dans le bois mis en œuvre

- **Durée de la nymphose**

  3 semaines, dans une loge creusée dans l'aubier à quelques centimètres de profondeur

- **Durée du cycle évolutif**

  De 1 à 2 ans

BOIS ATTAQUÉS

- Arbres sur pied dépérissants
- Bois fraîchement abattus non écorcés (bois de chauffage)
- Essences : feuillues

ASPECT DES DÉGÂTS

- Trous de sortie : ovales
- Galeries : section ovalaire de 4 à 8 mm
- Vermoulure : présente

1.2.3. LES INSECTES NIDIFICATEURS

Ces insectes s'installent généralement dans les bois d'essence de faible dureté ou ayant déjà été dégradés par les champignons lignivores.
Ce sont très généralement des abeilles, dont l'espèce la plus fréquemment rencontrée est le Xylocope violet. Des guêpes (Megachile, Crabro) peuvent aussi s'y trouver, ainsi que des fourmis.

L'ABEILLE CHARPENTIÈRE
Xylocopa violacea
Hyménoptère Xylocopidae

MORPHOLOGIE

- **Adulte**

  Aspect général : ressemble à un bourdon très velu
  Couleur : corps noir avec des ailes à reflets violets
  Longueur : 20 à 25 mm

CYCLE ÉVOLUTIF

L'adulte apparaît en début de saison chaude. La femelle fore sa galerie dans le bois préalablement dégradé, en détachant des copeaux avec ses mandibules et les rejette à l'extérieur. Puis, elle construit des cloisons pour former des cellules. Dans chacune de ces cellules, elle dépose un œuf ainsi qu'une boule de pollen qui servira à la nutrition de la larve.
Cet insecte est inoffensif à moins qu'il ne se sente en danger.

BOIS ATTAQUÉS

Essences feuillues et résineuses

Abeille charpentière

L'ABEILLE CHARPENTIÈRE
Xylocopa violacea
Hyménoptère Xylocopidae

Aspect des dégâts

- Galeries : diamètre de 10 à 15 mm

  Longueur : jusqu'à 45 cm

- Copeaux rejetés à l'extérieur du bois

Traitement curatif

1 - Remplacer les pièces de bois les plus attaquées et dont la résistance mécanique est devenue insuffisante.

2 - Pulvériser un insecticide de contact tel que ceux utilisés pour les insectes volants, dès l'apparition des adultes. Les insectes adultes ont tendance à revenir souvent dans les pièces de bois dont ils sont issus. Aussi, il peut être nécessaire de renouveler le traitement deux ou trois années de suite.

LES FOURMIS
Hyménoptère Formicidae

Plusieurs espèces de fourmis peuvent exister dans le bois. Les plus fréquemment rencontrées sont :

- *Camponotus herculeanus* ou fourmi charpentière, la plus importante en taille. Elle se rencontre essentiellement dans les arbres vivants, mais quelques cas ont été signalés dans les maisons.

- *Lasius niger* ou fourmi brune creuse le bois humide à l'intérieur des maisons.

- *Lasius fuliginosus* s'installe dans les arbres morts, les souches ou les lattes de planchers abîmés par l'humidité.

Le bois n'est pas leur source de nourriture habituelle. Les fourmis creusent le bois pour s'y installer. Elles effectuent des allers et retours à la recherche d'aliments de préférence sucrés.

Les dégâts peuvent continuer dans le bois sain.

MORPHOLOGIE

Il ne faut surtout pas confondre les fourmis avec les termites.

Les principaux caractères permettant de les différencier sont illustrés dans le schéma ci-dessous :

Comparaison morphologique entre les ouvriers de termites et de fourmis

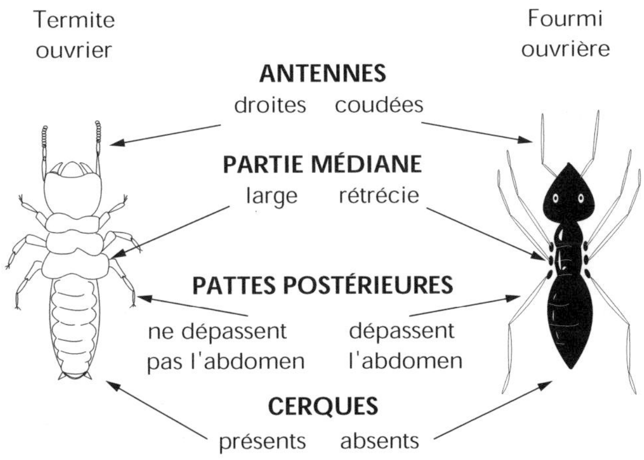

LES FOURMIS
Hyménoptère Formicidae

- **Couleur et longueur :**
  - *Camponotus herculeanus* : 7-14 mm et brun rouge
  - *Lasius niger* : 2-4 mm et brune
  - *Lasius fuliginosus* : 3-5 mm et noir brillant

Bois attaqués

Tous, mais de préférence les bois déjà altérés par les champignons lignivores.

Aspect des dégâts

- Galeries : grandes cavités aux parois nettes et lisses, sans vermoulure
- Présence de copeaux et de débris d'insectes rejetés à l'extérieur du bois

Traitement curatif

1 - Rechercher la cause d'humidité et y remédier.

2 - Repérer, si possible, la fourmilière, les voies de pénétration des fourmis (fentes et crevasses) et les endroits fréquentés.

3 - Effectuer à ces emplacements un poudrage ou une pulvérisation avec un insecticide de contact tels que ceux utilisés pour les insectes rampants. Renouveler l'application à quelques jours d'intervalle.

4 - Remplacer les pièces de bois les plus attaquées et dont la résistance mécanique est devenue insuffisante.

5 - Traiter les bois pouvant rester en place.

Les fourmis
Aspect des dégâts

1.2.4. LES POURRITURES

Le mécanisme d'attaque des champignons lignivores

La phase ultime de dégradation des bois par les champignons lignivores est la « pourriture » qui peut prendre des aspects différents. Les champignons lignivores capables de dégrader le bois en œuvre appartiennent à de nombreuses espèces présentes dans l'atmosphère sous forme de spores.

Il suffit que ces spores (10 μ) tombent sur du bois humide pour qu'elles germent et que les filaments (5μ de diamètre) qu'elles créent pénètrent dans le bois par toutes les voies naturelles de passage telles que les ponctuations. Ces filaments ou « hyphes » se répartissent ainsi dans tous les éléments du plan ligneux et émettent des substances chimiques capables de dissoudre les constituants de la paroi cellulaire (enzymes) pour assurer leur nutrition. Ce phénomène ne peut avoir lieu que dans le bois humide puisqu'il nécessite en général un apport d'eau « liquide ». Il n'existe pas de taux d'humidité bien défini pour lequel un champignon peut dégrader le bois. Il dépend de l'espèce de champignon et également de l'essence de bois mise en œuvre.

Cependant, la Mérule, agent de pourriture cubique le plus répandu en France, peut commencer son action destructrice à partir d'une humidité du bois de 22 %. D'une manière générale, les conditions optimales se situent au-dessus du point de saturation des fibres (entre 30 et 40 % pour la Mérule). D'autres champignons, également fréquents dans les locaux humides, nécessitent des taux d'humidité plus élevés : 50 à 60 % pour le Coniophore des caves (agent de pourriture cubique) et 35 à 50 % pour *Donkioporia expansa* (agent de pourriture fibreuse) très fréquent sur les bois feuillus. Quand le taux d'humidité du bois descend en dessous de 22 %, le mécanisme d'action cesse rapidement.

D'autres facteurs physiques moins importants que l'humidité interviennent pour favoriser le développement fongique et son action de destruction. Ainsi, bien que ces organismes se complaisent dans une atmosphère non ventilée, voire confinée, ils ont absolument besoin d'oxygène pour croître. L'absence d'oxygène gazeux en milieu totalement immergé rend le bois imputrescible. La température est également un facteur important. La croissance des filaments issus des spores (mycélium) ne se produit que dans un intervalle de température dont les limites sont spécifiques à chaque espèce. Les valeurs optimales se situent entre 20 et 30 °C. En dessous de 20 °C, le mycélium a une vie ralentie. Il en est de même pour des températures élevées ; au-dessus de 30 °C, la croissance s'arrête, excepté pour le Lenzite des clôtures qui, se développant à l'extérieur, peut supporter des températures élevées. La Mérule croît de manière optimale à des températures relativement basses (entre 18 et 22 ° C) ; ce champignon cesse son activité à des températures élevées (supérieures à 26 °C).

Les champignons lignivores affectionnent les milieux acides ou neutres et leur activité acidifie le substrat. Enfin, contrairement aux végétaux chlorophylliens qui ont besoin de lumière pour se développer, les champignons peuvent croître activement à l'obscurité ; toutefois la lumière est nécessaire au développement des fructifications.

Quand les conditions que nous venons de décrire sont réunies, notamment en ce qui concerne l'humidité du bois, les filaments issus des spores s'étendent dans tous les éléments du bois formant un tissu appelé « mycélium » qui peut présenter un aspect et une coloration variables selon les espèces, et parfois même au sein d'une même espèce. Chez certaines, les filaments du mycélium peuvent s'agréger pour former des « cordonnets » plus ou moins rigides et capables de transporter les matières nutritives et l'eau. La Mérule possède ce type de tissu appelé « rhyzomorphes » (1 à 8 mm de diamètre). Le développement du champignon peut se limiter à la phase végétative (mycélium, rhyzomorphes) qui a lieu à l'obscurité et qui, à elle seule, peut provoquer la pourriture finale.

Cependant, quand toutes les conditions favorables au développement sont réunies, et en présence d'un minimum de luminosité, les fructifications qui émettent les spores capables de reproduire l'espèce peuvent apparaître. Ces éléments ont des aspects variables d'une espèce à l'autre. Ils produisent des milliards de spores qui, en tombant sur du bois humide, accélèrent la dégradation de la pièce de bois. La forme, les dimensions et l'aspect des fructifications sont variables. Elles épousent en général la forme du substrat sur lequel elles se développent. Chez la Mérule, il s'agit d'une plaque resupinée à bords blanchâtres, le centre étant constitué d'une zone plissée alvéolaire recouverte de spores brunes.

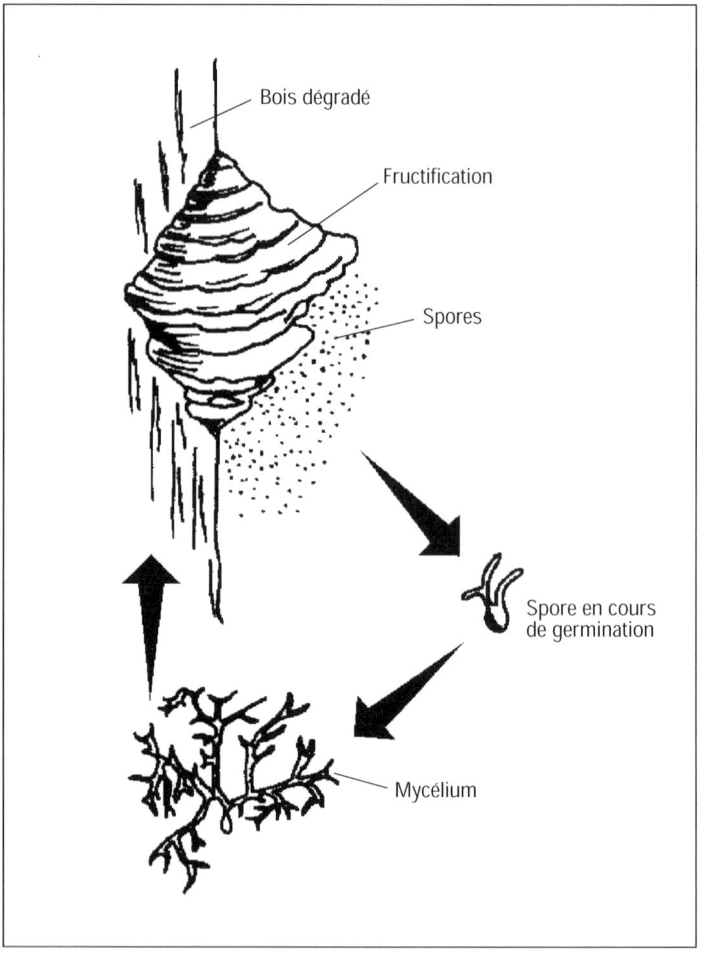

Cycle biologique d'un champignon lignivore type

Les différents types de pourritures

Il existe de nombreuses espèces de champignons lignivores capables de dégrader le bois en œuvre. Ils sont répertoriés en fonction du type de pourriture créé dans le bois. La forme de cette pourriture résulte du mode de consommation des constituants de la paroi ligneuse (lignine, cellulose) par le champignon. Trois grands types de pourritures sont à considérer en fonction de l'élément du bois mis à profit.

Pourriture cubique (brune)

Les agents de pourriture cubique détruisent la cellulose du bois. La coloration du bois dégradé est foncée (pourriture brune) et des fissures apparaissent dans les trois sens, délimitant des parallélépipèdes plus ou moins réguliers. L'aspect du bois ressemble à celui du bois calciné. Le représentant le plus connu de ce type de pourriture est la **Mérule (champignon des maisons)** *Serpula lacrymans* (Schum) S.F. Gray.

Très sensible aux variations de chaleur et d'humidité, ce champignon est inféodé aux bâtiments humides, mal ventilés. D'autres agents de pourriture cubique nécessitent des taux d'humidité plus élevés. Le Coniophore des caves, *Coniophora puteana* (Schum ex. Fr. Karst.) dégrade des bois très humides dans les lieux obscurs.

Enfin, certains agents de pourriture sont capables de résister aux alternances de chaleur et d'humidité et peuvent ainsi se développer sur le bois à l'extérieur : *Lenzites sepiaria* (Wulf.) Karst. s'attaque particulièrement aux menuiseries extérieures et aux bois lamellés-collés résineux.

Pourriture fibreuse (blanche)

Les agents de pourriture fibreuse dégradent simultanément la lignine et la cellulose.

Le bois se décompose en fibrilles et prend une couleur très claire. Ces champignons nécessitent des taux d'humidité très élevés (fuites d'eau continues). Ils n'émettent pas de rhizomorphes, leur développement est donc localisé. Le plus répandu en France, rencontré dans les vieux immeubles en réhabilitation, est le Polypore des caves (*Donkioporia expansa* Desm.). Il attaque particulièrement les bois feuillus.

Pourriture molle

Ce type de dégradation (attaque de la cellulose) confère au bois dégradé un aspect spongieux et se développe dans des conditions bien particulières : taux d'humidité très élevé (supérieur à 50 %) et nécessité d'un apport nutritif par des sels minéraux. Ce type d'attaque sévit dans les bois au contact du sol tels que poteaux, lattes des tours de réfrigération, menuiseries extérieures gorgées d'eau.

Fréquence d'apparition dans le bâtiment

D'une manière générale, en France et dans les pays d'Europe du Nord (Belgique, Pays-Bas, Suède, Danemark), la Mérule est le champignon le plus fréquemment rencontré de nos jours et plus particulièrement dans les constructions en bois résineux. La Mérule peut être confondue avec *Coniophora puteana* qui dégrade également les bois feuillus. Les altérations provoquées par ces deux champignons représentent en moyenne 70 % des désordres fongiques constatés.

En ce qui concerne les attaques dues à la pourriture fibreuse, elles représentent en moyenne 30 % de l'ensemble des dégâts.

Enfin, sur les bois résineux dégradés à l'extérieur, c'est toujours *Lenzites sepiaria* qui sévit et, plus rarement, *Gloeophyllum trabeum*.

La pourriture molle apparaît dans des conditions bien particulières, typiques de celles de la classe de risques 4.

MÉRULE
Serpula lacrymans (Schum) S.F Gray
Pourriture cubique brune

Champignon lignivore très cosmopolite qui n'attaque que le bois d'œuvre.

Fréquent dans les zones tempérées de tout l'hémisphère Nord, son apparition est en fait étroitement liée à l'humidification du bois et sa croissance est favorisée en atmosphère confinée.

DESCRIPTION

- **Formation végétative (mycélium)**

  Feutrage grisâtre plat avec parfois des reflets jaunes ou violets (aspect de toile d'araignée)
  Coussinet épais, aspect de ouate blanche, floconneuse
  Cordonnets grisâtres : « canalisations » plus ou moins épaisses, cylindriques ou aplaties ramifiées (rhizomorphes)

- **Fructifications**

  Lames plus ou moins larges de consistance feutrée, plaquées sur le bois.
  Bordure blanche, centre plissé d'alvéoles colorées en brun-rouille par les spores microscopiques présentes par milliards, reproduisant l'espèce par dissémination.

CONDITIONS DE DÉVELOPPEMENT

- **Humidité du bois**
  - minimum : 22 %
  - optimum : 35 %
  - cesse son développement au-delà de 40 %

- **Température**

  optimum 20 à 26 ° C
  ne résiste pas aux hautes températures, mais se développe entre 7 et 20 ° C

- Atmosphère confinée

- Obscurité pour la phase végétative de développement, minimum de luminosité pour la fructification

- Rôle particulier des cordonnets dans le transport de l'eau (traversée sur plusieurs mètres des murs et maçonneries)

MÉRULE
Serpula lacrymans (Schum) S.F Gray
Pourriture cubique brune

FRÉQUENCE

Représente en moyenne 70 % des cas de dégradations à l'intérieur des bâtiments en Europe du Nord.

BOIS ATTAQUÉS

Essences résineuses, secondairement bois feuillus

ASPECT DES DÉGÂTS

L'hydrolyse de la cellulose entraîne :

- une coloration brune,
- un clivage du bois suivant ses trois plans rectangulaires,
- une consistance cassante et sèche.

—> POURRITURE CUBIQUE

CONIOPHORE DES CAVES
Coniophora puteana (Schum. Ex Fr.) Karst

Champignon lignivore attaquant les bois très humides à l'obscurité (caves des habitations, cales des bateaux)

DESCRIPTION

- **Formation végétative**

  Mycélium jaune blanc cotonneux, plus clairsemé en ambiance sèche. Fonce en vieillissant (brun)

  Production de cordonnets très fins de couleur brune puis noirâtre, de consistance souple

- **Fructifications**

  Plaques de couleur jaune bistre devenant brun foncé au centre en vieillissant, bordure blanche

  Aspect membraneux, faible épaisseur

CONDITIONS DE DÉVELOPPEMENT

- **Humidité du bois**
  - minimum : 40 %
  - optimum : 50 à 60 %
- **Température**
  - optimum : 24 ° C
  - maximum : 35 ° C
- Atmosphère confinée, lieux obscurs
- Les cordonnets se développent sur les maçonneries, mais n'interviennent pas dans le transfert de l'eau.

FRÉQUENCE

Très voisin botaniquement de la Mérule, il peut être confondu avec ce dernier. Il est beaucoup moins fréquent en raison de ses exigences en humidité.

CONIOPHORE DES CAVES
Coniophora puteana (Schum. Ex Fr.) Karst

Bois attaqués

Résineux et feuillus

Aspect des dégâts

- Coloration brune
- Clivage du bois selon les 3 plans

—-> POURRITURE CUBIQUE

LENZITE DES POUTRES
Lenzites sepiaria (Wulf.) Fr. = *Gloeophyllum sepiarium* (Wulf.) Karst
Pourriture cubique brune

Champignon lignivore toujours rencontré à l'air libre, capable de résister facilement à des alternances d'humidité et de sécheresse. Il dégrade les barrières, les poteaux, les piles de pont et les lamellés-collés extérieurs.

DESCRIPTION

- **Formation végétative (mycélium)**

  Superficiel, jaune ou brunâtre, en masses cotonneuses

- **Fructifications**

  Jaune, orange à l'état frais
  Consoles de petites tailles à face supérieure rousse duveteuse
  À la face inférieure les lames sont jaunes. Elles peuvent être jointives pour former des tubes réguliers.

CONDITIONS DE DÉVELOPPEMENT

- Résiste dans du bois sec dont l'humidité est inférieure à 20 %, et peut se développer à des taux d'humidité très élevés supérieurs à 50 %
- Résiste aux hautes températures

  optimum : 32 à 34 °C.

FRÉQUENCE

Le champignon lignivore le plus répandu en France sur les bois résineux en œuvre à l'extérieur.

BOIS ATTAQUÉS

- Toutes les essences résineuses (aubier et duramen) sont décomposées
- Exceptionnellement quelques feuillus

LENZITE DES POUTRES
Lenzites sepiaria (Wulf.) Fr. = *Gloeophyllum sepiarium* (Wulf.) Karst
Pourriture cubique brune

ASPECT DES DÉGÂTS

- Bois jaunâtre au début de l'attaque
- Clivage selon les cernes annuels du bois
- Découpage selon les trois plans rectangulaires

—> POURRITURE CUBIQUE

POLYPORE DES CAVES
Donkioporia expansa Desm.
ou *Phellinus megaloporus* (Pers.) Hein
Pourriture fibreuse blanche

Champignon lignivore sévissant dans les habitations sur des bois feuillus très humides, en particulier le chêne.

DESCRIPTION

- **Formation végétative**

  Amas de mycélium blanc feutré épais sous forme de coussinets qui deviennent jaunâtres puis brunâtres en vieillissant, en prenant alors une consistance coriace et dure

  Ne forme pas de cordonnets

- **Fructifications**

  Elles se développent par dessus les formations végétatives. Ce sont des mamelons irréguliers, bruns, formés de longs tubes fins et disposés parfois en couches stratifiées.

CONDITIONS DE DÉVELOPPEMENT

- Nécessite des taux d'humidité très élevés : supérieurs à 40 %
- Exige une température relativement élevée : supérieure à 25 °C
  optimum : 35 °C
- Agit dans les lieux obscurs, mal aérés, bois recouverts
- Croît lentement

FRÉQUENCE

Représente en France 30 % des dégradations constatées dans les bâtiments (charpentes en feuillus)

BOIS ATTAQUÉS

- Bois feuillus (chêne, châtaignier). Le duramen est décomposé plus rapidement que l'aubier.
- Résineux, mais rarement

POLYPORE DES CAVES
Donkioporia expansa Desm.
ou *Phellinus megaloporus* (Pers.) Hein
Pourriture fibreuse blanche

ASPECT DES DÉGÂTS

- Bois ramolli
- Couleur : blanche
- Décomposition en fibrilles
- À un stade avancé, peut être le siège d'un développement de grosses vrillettes

—> POURRITURE FIBREUSE BLANCHE

POURRITURE MOLLE

Représentant le plus fréquent :

***Chaetomium globosum* Kunz.**

Les champignons qui entraînent la « pourriture molle » sévissent tout particulièrement dans les bois au contact du sol, les lattes des réfrigérants industriels et éventuellement les menuiseries extérieures soumises à des taux d'humidité anormalement élevés. Ils provoquent une perte non négligeable des propriétés mécaniques.

DESCRIPTION

- Ramollissement du bois, aspect spongieux
- Coloration noirâtre
- Découpage régulier du bois dans deux directions perpendiculaires après séchage

BOIS ATTAQUÉS

- Feuillus (aubier de chêne, hêtre) : dégradation en profondeur
- Résineux : dégradation moins intense, plus superficielle

CONDITIONS DE DÉVELOPPEMENT

- Humidité du bois très élevée (supérieure à 50 %)
- Température optimale entre 25 et 30 °C. Résiste à de hautes températures (50 °C)
- La présence de sels minéraux accélère leur action (tours de réfrigération, contact du sol)

FRÉQUENCE

Attaque dans des conditions très particulières

1.2.5. LES ÉCHAUFFURES

Ce type de champignons lignivores se développe dans l'arbre sur pied ainsi que dans les grumes séjournant longtemps sur le parterre des coupes. Les désordres constatés sur le bois ne sont qu'esthétiques en début d'attaque, mais ce type de champignon responsable d'échauffures est en fait un agent lignivore et la phase ultime de son action sur le bois se traduit par une pourriture fibreuse.

Ce type de champignon ne peut donc être rencontré lors d'attaques fongiques dans le bois en œuvre, tant à l'intérieur qu'à l'extérieur. Toutefois, l'utilisation de bois échauffés (même au stade de l'altération esthétique) en remplacement de bois dégradés, par exemple lors d'un traitement curatif, est tout à fait déconseillée car de tels bois sont déjà atteints mécaniquement (début de pourriture fibreuse).

Les champignons responsables d'échauffures appartiennent au genre Stereum :

- *Stereum purpureum (Pers)* : hêtre, peuplier, charme
- *Stereum hirsutum (Wild)* : chêne (aubier)
- *Stereum sanguinolentum (Alb. Schw)* : résineux (aubier et duramen)

Conditions de développement

- Apparaît dans l'arbre sur pied, mais continue son action dans la grume non vidangée.
- Apparaît dans les grumes sur le parterre des coupes.
- Nécessite un taux d'humidité très élevé (arbre sur pied).
- Continue son action dans les sciages non séchés.

Aspect des dégâts

- Bois décoloré, zoné (bandes blanches jaunes ou rosées selon l'espèce, liséré noir avec *S. purpureum*)
- Phase ultime : pourriture fibreuse blanche

1.3. RISQUES ESTHÉTIQUES

Certains organismes biologiques (insectes et champignons) peuvent altérer le bois sans provoquer de pertes importantes des propriétés mécaniques. La dépréciation d'un bois dégradé n'est alors qu'esthétique.

Quand l'arbre est abattu, ses moyens de défense naturels n'existent plus. Si la grume n'est pas vidangée rapidement ou si les sciages sont insuffisamment séchés, ils peuvent être le siège :

- de champignons de discoloration (agents de bleuissement),
- d'insectes scolytides de l'écorce (ces insectes ne sont pas nocifs pour le bois, mais ils propagent les champignons de bleuissement),

- d'insectes xylophages dont les larves ou les adultes forent dans le bois des galeries pénétrant à plus ou moins grande profondeur.

Certains défauts apparus dans l'arbre sur pied lors de sa croissance peuvent entraîner également une dépréciation non seulement d'ordre esthétique (coloration anormale), mais parfois structurelle car l'intégrité du tissu ligneux peut être affectée.

Les quatre fiches suivantes décrivent des organismes biologiques susceptibles de déprécier l'aspect du bois et donc sa valeur économique :

- piqûres noires,
- bleuissement en scierie,
- bleuissement en service,
- moisissures.

LES PIQÛRES NOIRES

Les piqûres noires sont provoquées par plusieurs espèces de Coléoptères regroupés sous l'appellation vulgarisée de Scolytes : *Platypus cylindrus* et, entre autres, différentes espèces de *Xyleborus* et de *Xyloterus*. À la différence des insectes xylophages au sens strict, ce sont les insectes adultes qui forent les galeries pour y déposer leurs pontes ainsi que les spores des champignons aux dépens desquels vont se développer les larves.

Description

- Orifices de 0,5 à 3 mm de diamètre, rebordés de couleur noire
- Galeries perpendiculaires au fil du bois pouvant aller jusqu'au bois parfait, y compris le duramen
- Galeries vides de vermoulure

Bois attaqués

- Suivant les espèces :
  - essences résineuses et/ou feuillues
  - essences tempérées ou essences tropicales
- En France, début de la période de risques :
  - pour les essences feuillues : avril, mai

Conditions de développement

- Exigent un taux d'humidité du bois supérieur à 30 %
- Se nourrissent aux dépens du mycélium des champignons

LE BLEUISSEMENT EN SCIERIE

Cette altération d'ordre esthétique est due au développement dans le bois de champignons responsables d'une discoloration : le bleuissement. Ils attaquent les bois fraîchement abattus (grumes et sciages) séchant trop lentement à l'air. Ils n'entraînent pas de perte des propriétés mécaniques, mais la teinte bleu-noirâtre donnée au bois est permanente et inesthétique.

Description

- La fructification n'est pas toujours visible, mais de la grosseur d'une tête d'épingle.
- Les filaments mycéliens dans les éléments du bois lui donnent une teinte variant du gris ardoise au bleu noirâtre, sous forme de bandes ou de flammes plus ou moins importantes en profondeur.

Bois attaqués

- Aubier des résineux à bois parfait duraminisé (pins)
- Autres résineux à bois parfait non duraminisé (épicéa)
- Feuillus tempérés : hêtre, frêne, peuplier
- Feuillus tropicaux : samba, ramin, ilomba

Conditions de développement

- Exigent un taux d'humidité du bois supérieur à 30 %.
- La température optimale est située entre 22 et 30 °C.
- Résistent bien aux basses températures (léger développement à 10 °C).
- Ils se nourrissent aux dépens de réserves (amidon) contenues dans les cellules ligneuse. Ils n'attaquent pas les constituants du bois.

LE BLEUISSEMENT EN SERVICE

Cette altération, semblable à celle provoquée par les champignons de discoloration se développant sur les bois fraîchement abattus ou débités, apparaît sur les bois mis en œuvre en général anormalement réhumidifiés (menuiseries extérieures) par défaut de protection efficace. Les agents impliqués sont différents de ceux développés sur les sciages frais, mais ont la même biologie.

Description

- Le bois prend une teinte anormalement bleuâtre, bien visible sous une finition claire.
- Les fructifications noires sous forme de tête d'épingle entraînent la rupture de la finition.
- La coloration anormale peut pénétrer profondément ou bien rester en surface.

Bois attaqués

Ce sont les mêmes essences que celles susceptibles d'être le siège d'un développement de bleuissement quand le bois est récemment abattu ou débité (voir fiche précédente).

Conditions de développement

- Ce sont les mêmes que celles des agents de discoloration des grumes et des sciages frais.
- Apparaissent sur les bois non ou mal protégés (vernis enfermant l'humidité dans le bois).

LES MOISISSURES

Ce type de champignons comprend de nombreuses espèces se développant non seulement à la surface de bois humides, mais également sur des plâtres, des papiers peints et des peintures dans des locaux humides mal ventilés.

DESCRIPTION

- Le développement en surface est très poudreux (spores). Les colorations sont très diverses, parfois très vives en fonction de l'espèce : noire, brune, verte, jaune et même rose.
- Les filaments peuvent pénétrer dans les premières couches de cellules seulement.

BOIS ATTAQUÉS

- De nombreuses essences peuvent être le siège de développement de moisissures, même celles résistant aux agents lignivores, selon l'humidité de surface du bois.
- Le développement peut avoir lieu dans la construction (locaux humides confinés), sur des sciages frais, caisses, cageots, palettes exposées dans des conditions humides.

CONDITIONS DE DÉVELOPPEMENT

- Humidification de la surface du bois à partir de 18 %
- Températures ambiantes ou dépassant 20 °C
- Atmosphère confinée

1.4. AUTRES INSECTES RENCONTRÉS ET SOLUTIONS PARTICULIÈRES

Tous les insectes énumérés ci-dessous ne s'attaquent pas normalement au bois, mais se rencontrent fréquemment dans les habitations.

1.4.1. LES PUCES DU BOIS

Ce terme est impropre. Il s'agit de puces parasitant les animaux domestiques. Ces insectes peuvent s'en prendre à l'homme en cas de surpopulation, ou lors du départ de l'animal hôte.

1.4.2. LES POISSONS D'ARGENT

Lepisma saccharina

Thysanoura

Ces insectes se nourrissent d'amidon. Ils dégradent les papiers humides et les papiers peints en s'attaquant à la colle. Ils sont nocturnes et vivent dans les endroits humides. On les rencontre souvent dans les cuisines et les sanitaires.

Morphologie

- Pas d'ailes, longues antennes, présence de trois longues soies au bout de l'abdomen
- Couleur : gris brillant
- Longueur : 12 mm

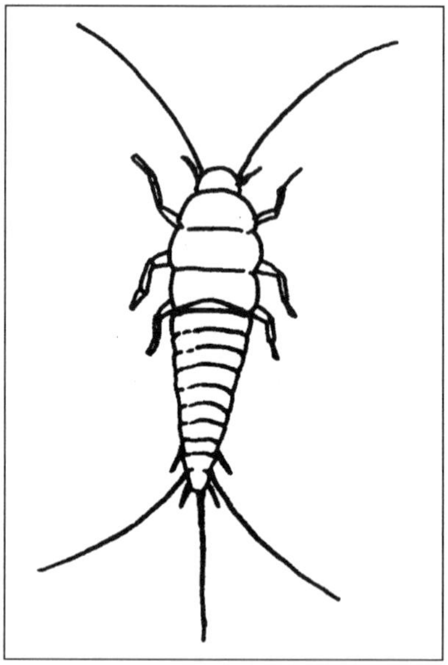

Poisson d'argent

Cycle

❑ Ponte : 100 œufs, au maximum

❑ Durée d'incubation : de 19 à 43 jours selon la température

❑ L'adulte peut vivre entre 1,5 et 3 ans.

1.4.3. LES CHRYSOPES

Chrysopa carnea

Neuroptera

Ces insectes vivent dans les jardins. L'été, ils volent la nuit et sont parfois attirés par les lumières électriques. Les larves se nourrissent de pucerons et d'autres petits insectes nuisibles.

Les Chrysopes sont inoffensives pour l'homme et ne s'attaquent jamais au bois. À l'approche de l'hiver, elles recherchent un abri et rentrent fréquemment en grand nombre dans les greniers. Ces insectes étant utiles, il n'est pas nécessaire de les détruire. Les individus qui auront survécu aux rigueurs hivernales prendront leur envol au printemps suivant.

Morphologie

❑ Ailes de grande taille qui dépassent la longueur du corps, yeux avec des reflets dorés

❑ Couleur : vert clair

❑ Longueur : 25 mm

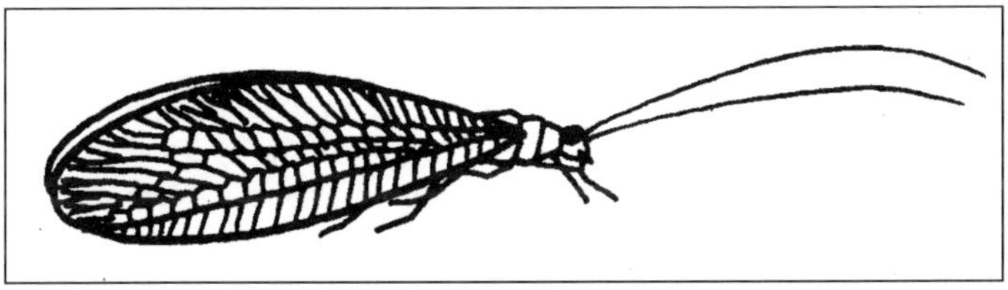

Chrysope

1.4.4. LES DERMESTES

Coléoptères Dermestides

Cette famille regroupe un grand nombre d'espèces qui se nourrissent de petits débris animaux et végétaux.

La présence de larves est fréquemment observée sous les tapis, dans les rainures des parquets anciens, sous les plinthes, derrière les meubles et dans les endroits où les débris organiques (poussières) qui leur servent de nourriture s'accumulent.

Certaines larves de dermestes (les dermestes du lard : *Dermestes lardarius*) peuvent pénétrer dans le bois pour s'y nymphoser.

Les galeries, d'environ 4 mm de diamètre, creusées de l'extérieur se terminent généralement en cul-de-sac. Il n'y a pas de sciure, mais des enveloppes de mues larvaires.

Traitement

Pour s'en débarrasser, il est nécessaire de dépoussiérer à l'aide d'un aspirateur tous les endroits où ces insectes sont le plus souvent rencontrés. On peut éventuellement appliquer un insecticide de contact utilisé contre les insectes rampants.

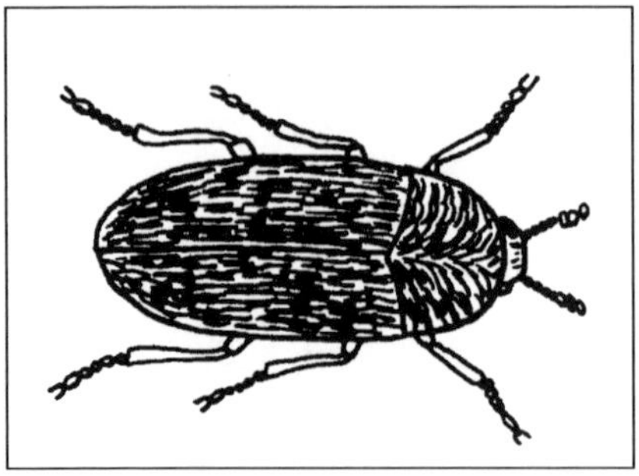

Dermeste – Adulte

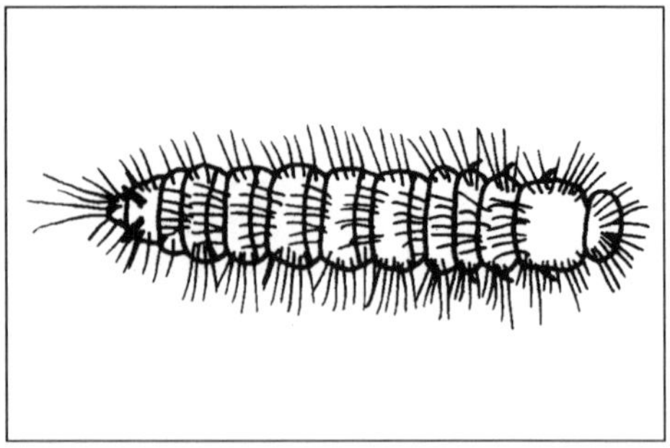

Dermeste – Larve

1.4.5. LE VER DE LA FARINE

Tenebrio molitor

Coléoptères Tenebrionides

Le régime alimentaire des larves de ce coléoptère est généralement constitué de grains de blé et de farine. Mais, en réalité, ce type d'insecte est plutôt polyphage et se nourrit souvent de débris organiques comme les déjections des oiseaux et particulièrement des moineaux. Cela explique la présence fréquente de larves filiformes de couleur jaune dans les greniers. Ces dernières hibernent, se métamorphosent l'été suivant et meurent à l'automne.

Les insectes adultes venant des nids situés à proximité sont attirés le soir par les lumières et pénètrent dans les habitations.

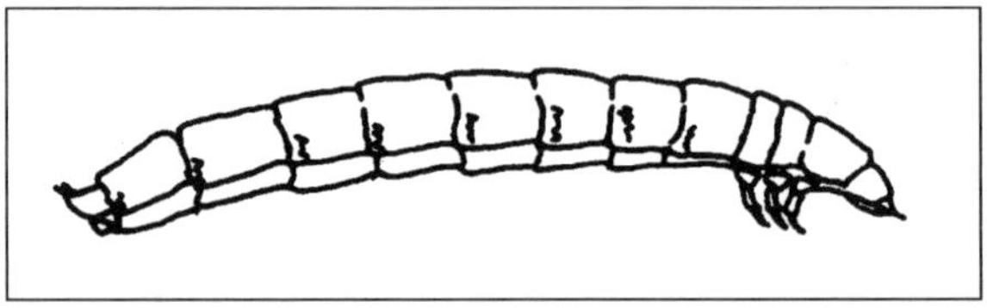

Ver de Farine

Insectes de bois secs

▲ 1. Capricorne des maisons : larve

2. Capricorne des maisons : insecte parfait ▲

▲ 3. Capricorne des maisons : aspect des dégâts

4. Capricorne des maisons : vermoulure ▲

▲ 5. Hespérophanes : insecte parfait

6. Hespérophanes : aspect des dégâts ▲

▲ 7. Grosse vrillette : insecte parfait

8. Grosse vrillette : aspect des dégâts ▲

Insectes de bois secs

▲ 9. Grosse vrillette : vermoulure

10. Petite vrillette : larve ▲

▲ 11. Petite vrillette : insecte parfait

12. Petite vrillette :
aspect des dégâts ▲

▲ 13. Petite vrillette : vermoulure

14. Lyctus : insecte parfait ▲

Insectes de bois secs

▲ **15.** Lyctus : aspect des dégâts

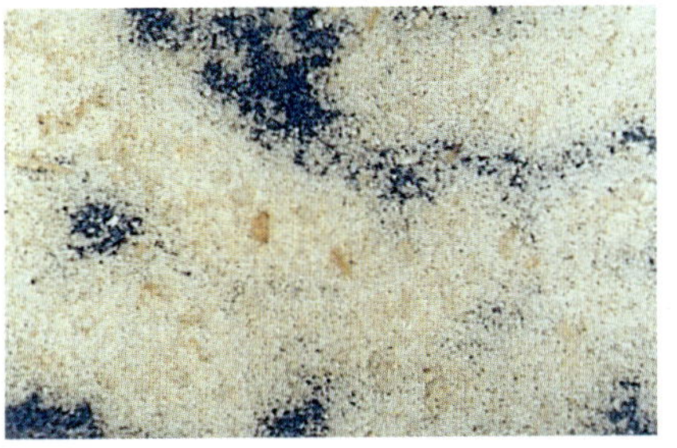

16. Lyctus : vermoulure ▲

▲ **17.** Termite souterrain : soldat
(photo A. et J. Six)

18. Termite souterrain : ouvrier
(photo A. et J. Six) ▲

▲ **19.** Termite souterrain : aspect des dégâts

20. Termite de bois sec : adulte ▲

Champignons

◀ **1.** Mérule : fructification

2. Pourriture cubique : aspect de bois dégradé par la Mérule ▶

◀ **3.** Pourriture cubique : aspect de bois dégradé par *Lenzites sepiaria*

4. Pourriture fibreuse : aspect de bois dégradé par *Phellinus megaloporus* ▶

◀ **5.** Pourriture molle : dégâts sur des bardages

6. Bois échauffé ▶

◀ **7.** Bleuissement en scierie

8. Bleuissement sur une menuiserie ▶

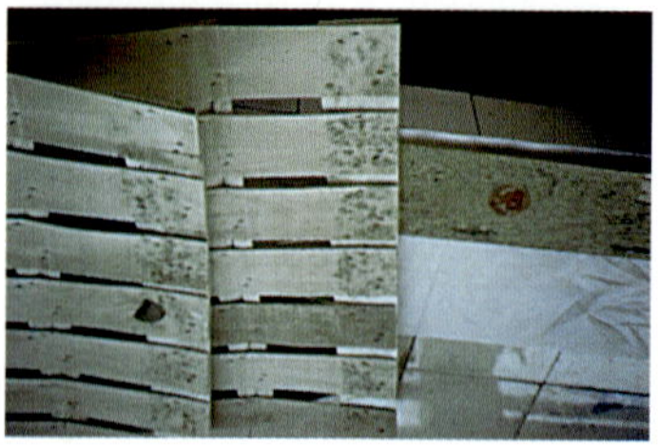

◀ **9.** Moisissure

Chapitre 2

DIAGNOSTIC

2.1. CONDUITE DU DIAGNOSTIC

Avant de procéder à tout traitement curatif, il est primordial d'établir un diagnostic pour décider de l'opportunité d'un traitement et, dans l'affirmative, de déterminer les mesures appropriées.

2.1.1. LE MATÉRIEL

Bien que la totalité du matériel énoncé ci-dessous ne soit pas indispensable dans tous les cas, l'équipement de base pour un diagnostic doit comprendre :

❑ Un nécessaire pour noter les observations faites sur les lieux.

❑ Une lampe électrique avec des piles de rechange. Le développement des agents d'altération du bois, notamment des champignons et des termites, est souvent favorisé par l'obscurité. Leur présence est donc fréquente dans les lieux sombres tels que les caves, les greniers.

❑ Un instrument pointu de type couteau, poinçon, pointe carrée, etc. afin d'effectuer des sondages avec un minimum de détérioration.

❑ Une hachette permettant de faire des sondages qualitatifs et quantitatifs, notamment dans les charpentes.

❑ Un marteau et un ciseau à bois pour prélever des échantillons. Le marteau peut être utile dans le cas des grosses pièces de bois pour déceler des cavités occasionnées par la pourriture dans le bois.

❑ Une perceuse sans fil. Des forages pratiqués dans les encastrements d'éléments porteurs permettent de vérifier leur état.

❑ Des instruments de levier au cas où il serait nécessaire de déposer des lames de parquet, planches ou panneaux pour un examen plus approfondi.

❑ Un humidimètre permet de contrôler l'humidité des bois ou des murs dans lesquels ils sont encastrés (ne pas oublier les piles de rechange).

❑ Une échelle ou un escabeau.

❑ Des jumelles sont très utiles dans les immeubles de grande hauteur pour observer les bois difficilement accessibles comme les débords (queues de vache) par exemple.

❑ Une loupe pour pratiquer un examen préalable des détails anatomiques du bois ou de petits parasites. Un contrôle plus approfondi pourra avoir lieu en laboratoire.

❑ Un miroir fixé au bout d'une longue tige ou mieux un endoscope. Ces instruments ont pour but de vérifier l'aspect des bois difficilement accessibles, comme par exemple les solivages sous parquet. L'endoscope, plus pratique, a la même finalité. Il permet avec un minimum de dégradations (orifice de 2 cm de diamètre environ) de détecter la présence de termites dans des endroits cachés tels que les doublages de cloisons.

❑ Une combinaison pour préserver ses vêtements ainsi que des gants. Il est parfois nécessaire de s'introduire dans les vides sanitaires ou dans des faux-combles de faible hauteur de flèche.

Un appareil électronique de détection d'insectes par enregistrement d'ondes acoustiques devrait être commercialisé dans les prochaines années.

En vue d'un rapport détaillé des observations, il est recommandé de se munir également :

- d'une boussole pour situer l'orientation du bâtiment,
- d'un appareil photographique,
- d'un petit pinceau, de pinces, de petits tubes, d'étiquettes, d'enveloppes ou de petits sacs plastiques pour d'éventuels prélèvements,
- d'un décamètre à l'usage des professionnels du traitement pour l'établissement des devis.

2.1.2. L'INSPECTION

L'inspection se décompose en trois étapes :

Collecte de renseignements sur le bâtiment

Ces éléments peuvent aider à l'établissement du diagnostic. Ils concernent les points suivants :

- l'âge du bâtiment,
- son occupation et sa destination,
- son historique,
- la façon dont il est et a été entretenu,
- les grosses réparations dont il a fait l'objet.

Inspection des extérieurs du bâtiment

Il s'agit de :

- Repérer le nombre d'étages et les différents niveaux.

- Rassembler les éléments d'information afin de déterminer les matériaux et les techniques de construction mis en œuvre (briques, parpaings, béton, pans de bois...).
- Examiner les façades, l'état du revêtement et son étanchéité.
- Noter la nature de la toiture (tuiles, ardoises, shingles) et son état ainsi que celui des entourages de cheminée, gouttières, descentes d'eaux usées, leur emplacement et le système prévu pour la récupération des eaux usées et leur écoulement.
- S'enquérir de la présence de points d'eau à proximité : puits, mares, rivières, ruisseaux...

Inspection des intérieurs du bâtiment

- Se procurer le plan de la construction s'il existe.

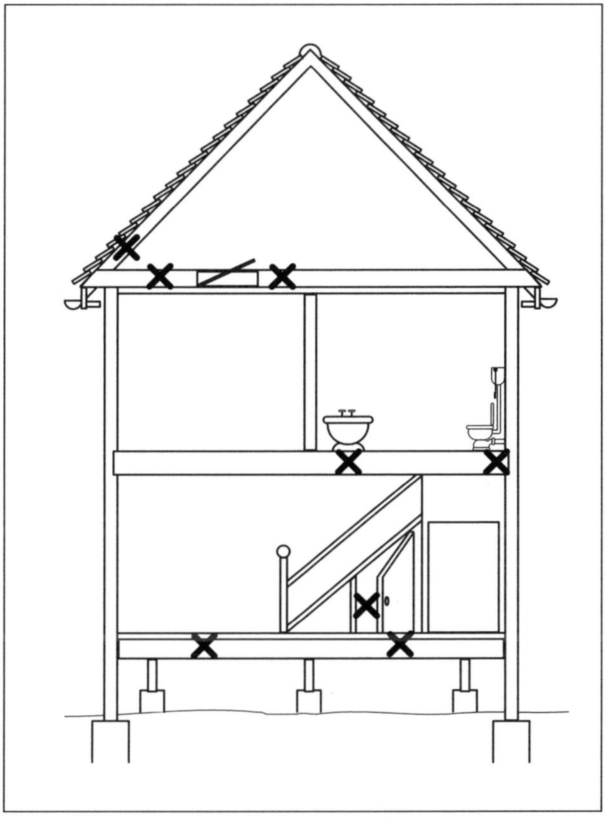

Zones présentant des risques d'attaque par les insectes et champignons

- Visiter toutes les pièce en portant une attention particulière aux emplacements présentant des risques d'humidité, notamment les caves, cuisines, salles de bains, toilettes. Des décollements de peinture ou des fissurations peuvent être des indices d'humidité.

Le diagnostic « termites » d'une habitation doit toujours commencer par les niveaux inférieurs des bâtiments (cave, sous-sol ou vide sanitaire). La suite de l'examen des lieux se fera en montant étage après étage pour déterminer jusqu'à quel niveau ces insectes sont présents.

- Vérifier la bonne ventilation des lieux, notamment dans les caves, les cuisines et salles de bain.
- Noter la nature des planchers et leur état.
- S'enquérir de l'existence des doublages de parois qui dissimulent souvent une forte humidité des murs.
- Contrôler la présence d'isolants et s'assurer que leur pose est conforme aux règles de l'art.

2.2. ÉLÉMENTS D'IDENTIFICATION

Outre les informations contenues dans ce chapitre, le lecteur pourra se reporter au chapitre 1 qui contient une description détaillée et des illustrations des agents destructeurs du bois ainsi que des dégâts provoqués.

Préalablement au diagnostic proprement dit, il est généralement utile de déterminer la nature des bois : résineux ou feuillus. Cette distinction est parfois possible sur les lieux par un homme de l'art. Lorsqu'il est nécessaire d'identifier l'essence exacte, cet examen ne peut être fait qu'en laboratoire par un spécialiste à l'aide d'un microscope. Cette indication est précieuse pour l'établissement du diagnostic.

2.2.1. L'IDENTIFICATION DES CHAMPIGNONS

La présence de champignons se signale par les indices suivants :

- une perte de structure du bois, (« pourriture »)
- un son creux lorsque l'on frappe le bois,
- une coloration anormale du bois,
- la présence de mycélium,
- une odeur caractéristique,
- la présence possible d'insectes associée aux champignons.

2.2.2. L'IDENTIFICATION DES INSECTES À LARVES XYLOPHAGES

On reconnaît les attaques d'insectes par :

- des orifices d'émergence de forme et diamètre spécifiques,
- de la vermoulure se présentant en tas ou en coulures,
- des galeries dont l'aspect et l'orientation par rapport au fil du bois (parallèle ou perpendiculaire) sont caractéristiques,
- la présence de larves ou d'insectes,
- des irrégularités de la surface du bois,
- des bruits ou grignotements parfois audibles sur le site lorsque le local est silencieux.

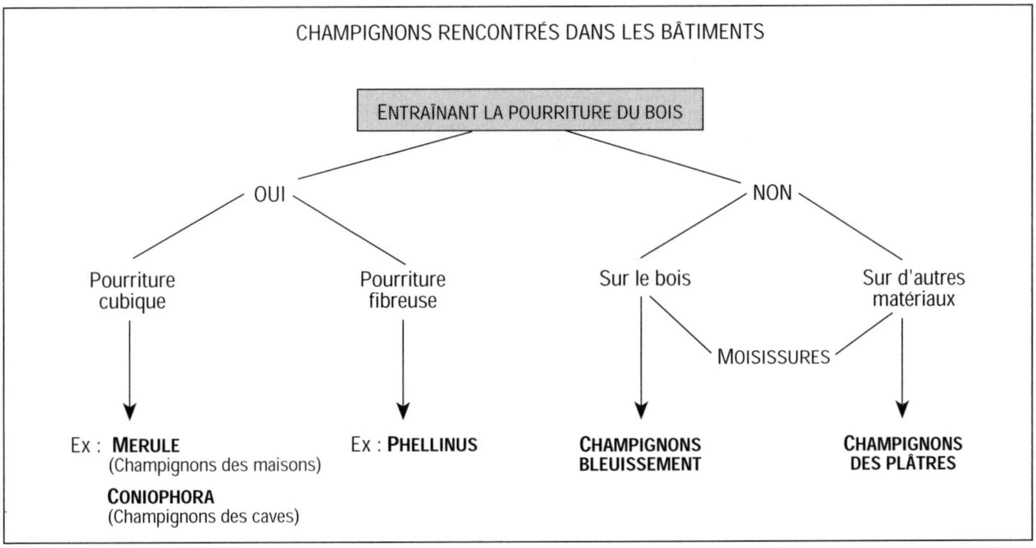
CHAMPIGNONS RENCONTRÉS DANS LES BÂTIMENTS
ENTRAÎNANT LA POURRITURE DU BOIS
OUI
NON
Pourriture cubique
Pourriture fibreuse
Sur le bois
Sur d'autres matériaux
MOISISSURES
Ex : MERULE (Champignons des maisons)
CONIOPHORA (Champignons des caves)
Ex : PHELLINUS
CHAMPIGNONS BLEUISSEMENT
CHAMPIGNONS DES PLÂTRES

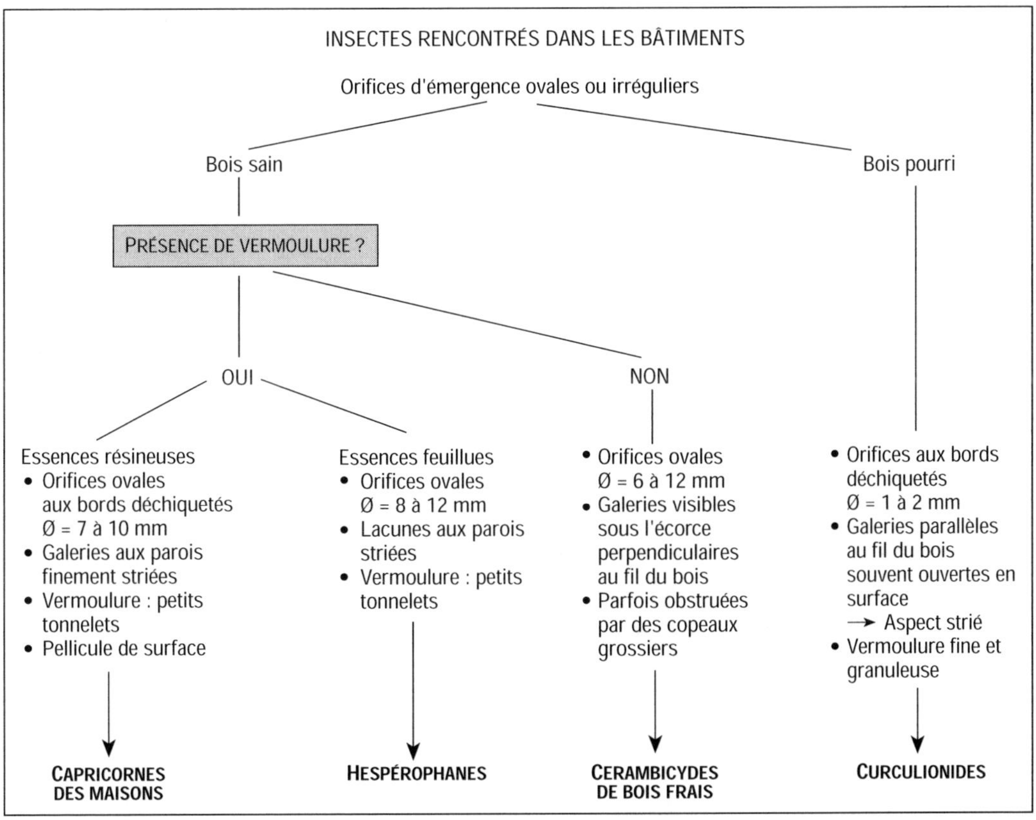
INSECTES RENCONTRÉS DANS LES BÂTIMENTS
Orifices d'émergence ovales ou irréguliers
Bois sain
Bois pourri
PRÉSENCE DE VERMOULURE ?
OUI
NON
Essences résineuses
• Orifices ovales aux bords déchiquetés Ø = 7 à 10 mm
• Galeries aux parois finement striées
• Vermoulure : petits tonnelets
• Pellicule de surface
Essences feuillues
• Orifices ovales Ø = 8 à 12 mm
• Lacunes aux parois striées
• Vermoulure : petits tonnelets
• Orifices ovales Ø = 6 à 12 mm
• Galeries visibles sous l'écorce perpendiculaires au fil du bois
• Parfois obstruées par des copeaux grossiers
• Orifices aux bords déchiquetés Ø = 1 à 2 mm
• Galeries parallèles au fil du bois souvent ouvertes en surface → Aspect strié
• Vermoulure fine et granuleuse
CAPRICORNES DES MAISONS
HESPÉROPHANES
CERAMBICYDES DE BOIS FRAIS
CURCULIONIDES

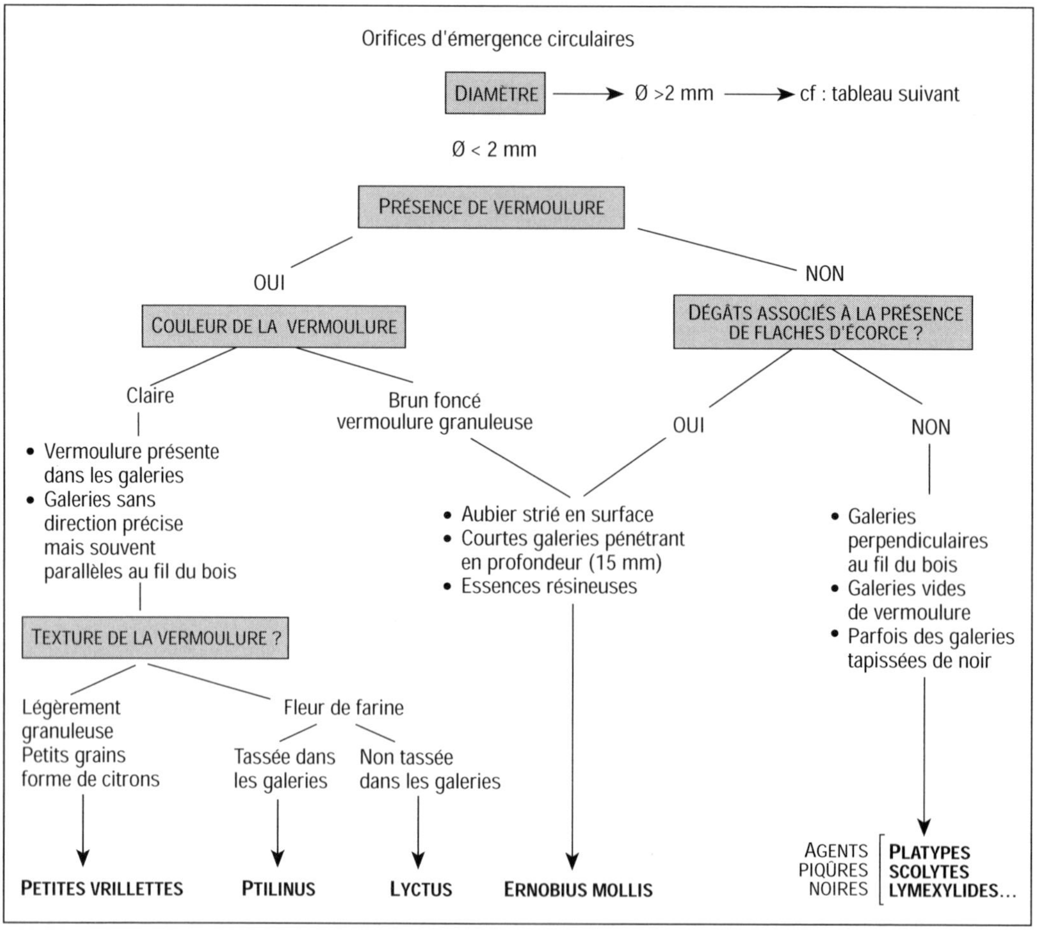
Orifices d'émergence circulaires
DIAMÈTRE
Ø >2 mm
cf : tableau suivant
Ø < 2 mm
PRÉSENCE DE VERMOULURE
OUI
NON
COULEUR DE LA VERMOULURE
DÉGÂTS ASSOCIÉS À LA PRÉSENCE DE FLACHES D'ÉCORCE ?
Claire
Brun foncé vermoulure granuleuse
OUI
NON
• Vermoulure présente dans les galeries
• Galeries sans direction précise mais souvent parallèles au fil du bois
• Aubier strié en surface
• Courtes galeries pénétrant en profondeur (15 mm)
• Essences résineuses
• Galeries perpendiculaires au fil du bois
• Galeries vides de vermoulure
• Parfois des galeries tapissées de noir
TEXTURE DE LA VERMOULURE ?
Légèrement granuleuse Petits grains forme de citrons
Fleur de farine
Tassée dans les galeries
Non tassée dans les galeries
PETITES VRILLETTES
PTILINUS
LYCTUS
ERNOBIUS MOLLIS
AGENTS PIQÛRES NOIRES
PLATYPES
SCOLYTES
LYMEXYLIDES...

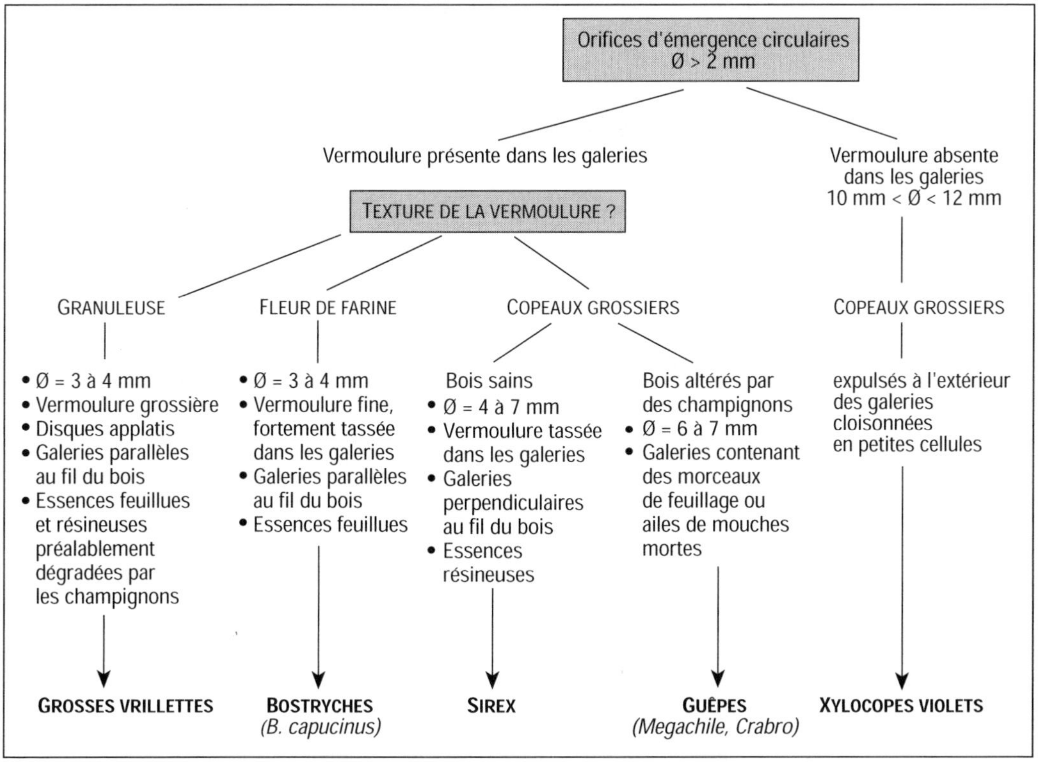

2.2.3. L'IDENTIFICATION DES TERMITES

Il existe en France deux types de termites : les termites souterrains et les termites dits de « bois secs » (voir chapitre 1).

Il est important de bien faire la distinction entre ces deux catégories d'insectes. En effet, les mesures de lutte à prendre sont différentes selon les cas et une erreur de diagnostic peut mener à une inefficacité totale du traitement.

Les indices mentionnés ci-après permettent de reconnaître leur présence.

Termites souterrains

Ce sont des insectes de couleur blanc crémeux circulant en nombre à l'intérieur des galeries. Au niveau des bois, il s'agit de galeries ou cavités respectant la surface, libres de vermoulure, aux parois tapissées de constructions terreuses.

En cas d'infestation avancée, le bois peut être réduit à un feuilletage.

Sur les maçonneries, on observe des galeries-tunnels que les ouvriers construisent eux-mêmes avec un ciment constitué de salive, d'excrément, de particules de terre ou bois mâchées ou grains de mortier suivant le support.

Des petites taches noires de 2 mm environ sur les plâtres signalent la présence de galeries sous-jacentes.

Présence de cordonnets signalant une attaque de termite souterrain

Ces termites tracent des cheminements dissimulés à l'intérieur des plâtres ou sous les enduits. Ce sont des constructions diverses faites des mêmes éléments constitutifs que les galeries-tunnels : stalactites, stalagmites, petits ponts leur permettant d'atteindre le bois convoité à partir de la maçonnerie.

Au printemps, des mois de février à juin, il est possible d'assister à des essaimages d'insectes ailés à partir de boiseries apparentes ou dissimulées dans les maçonneries.

Termites de bois secs

Leur taille est environ du double de celle des termites souterrains. Leur couleur est plus soutenue.

Dans les bois, on les reconnaît à la présence de lacunes et de galeries libres de concrétions contenant une vermoulure granuleuse très typique. Quand elle devient trop abondante, cette vermoulure est rejetée à l'extérieur où elle forme des petits tas à l'aplomb des orifices d'évacuation, généralement de très faible diamètre (1mm environ).

Des essaimages peuvent avoir lieu en septembre.

2.3. À QUI FAIRE APPEL POUR UN DIAGNOSTIC ?

Qu'il s'agisse d'établir un diagnostic pour concevoir un traitement ou en vue de délivrer une attestation lors d'une vente, le diagnostic parasitaire requiert une connaissance approfondie de la biologie et de l'identification des insectes et des champignons. L'analyse rigoureuse du bâti et de ses environs nécessite une démarche particulière dans le cas d'un risque termites. Il ne suffit pas toujours d'être compétent dans le domaine du bâtiment pour réaliser un bon diagnostic.

Actuellement, certaines municipalités rendent obligatoires les attestations parasitaires pour toute transaction immobilière, et cela par le biais d'arrêtés officiels.

Aucun diplôme reconnu d'experts en dégâts parasitaires n'existant actuellement, ces attestations sont délivrées par un certain nombre de personnes : des entreprises de traitement, des experts en bâtiment, des architectes, etc. C'est donc un domaine où l'expérience de la pratique des parasites du bois est fortement conseillée et où il faut se montrer particulièrement prudent car toute erreur peut avoir de graves conséquences.

Cinq départements et vingt cinq municipalités ont pris des décisions vis-à-vis de la lutte anti-termites (voir tableaux ci-dessous).

Les arrêtés préfectoraux

Département	Date
Charente-Maritime (17)	18 février 1985
Deux-Sèvres (79)	18 juillet 1989
Landes (40)	12 juillet 1993
Vendée (85)	14 novembre 1984
Guadeloupe (97)	7 juin 1994

Les arrêtés municipaux

Département	Commune	Date
Alpes-maritimes (06)	Antibes	10 février 1995
Alpes-maritimes (06)	Roquebrune Cap Martin	20 octobre 1993
Bouches-du-Rhône (13)	Arles	12 janvier 1993
Charente (16)	Angoulême	mars 1990
Charente (16)	Cognac	4 septembre 1990
Charente (16)	Ruelle	19 avril 1991
Dordogne (24)	Bergerac	10 janvier 1990
Haute-Garonne (31)	Toulouse	18 juin 1993
Gironde (33)	Bordeaux	28 juin 1989
Gironde (33)	Cenon	9 février 1990
Gironde (33)	Gradignan	22 janvier 1992
Gironde (33)	Libourne	
Gironde (33)	Mérignac	23 septembre 1991
Gironde (33)	Pessac	2 octobre 1990
Gironde (33)	Lége-Cap-Ferret	1er janvier 1996
Gironde (33)	St Medard en Jalles	24 juin 1992
Gironde (33)	Talence	3 mars 1992
Gironde (33)	Villenave d'Ornon	8 avril 1992
Indre-et-Loire (37)	St Cyr-sur-Loire	4 janvier 1983
Maine-et-Loire (49)	Montreuil Bellay	14 août 1993
Maine-et-Loire (49)	Seiches sur-le-Loir	25 avril 1977
Maine-et-Loire (49)	Souzay Champigny	12 juillet 1994
Tarn (81)	Albi	17 février 1995
Val-de-Marne (94)	Maisons-Alfort	14 mai 1985
Var (83)	Ste Maxime	17 octobre 1994

Chapitre 3

TRAITEMENT

3.1. MISE EN GARDE

Comme cela a été évoqué dans le chapitre 2, le diagnostic est une affaire de spécialiste et la rigueur qu'il implique détermine la façon dont il faudra envisager le traitement.

Quoiqu'il en soit, les questions importantes que beaucoup se posent, sont :

- Le traitement se justifie-t-il ?
- Peut-on le réaliser soit-même ?
- Faut-il intervenir rapidement ?

Nécessité d'un traitement ?

Qui de nous n'a pas entendu dire : « Voila une charpente qui a tenu plus de 100 ans, elle tiendra bien encore quelques années ». Il est en effet des bois anciens, notamment des charpentes en chêne du début du siècle qui présentent des traces d'attaques d'insectes, mais ceux-ci ne sont plus en activité depuis longtemps. Cependant, si l'élimination des parasites ne se justifie plus forcément, le traitement permet de purger ce bois de l'aubier dégradé, d'assainir les combles et de sonder la résistance réelle des bois, en particulier aux encastrements.

Par ailleurs, la protection insecticide et fongicide prend toute son importance lors d'éventuelles modifications de la nature de l'ouvrage, aménagement de combles, réfection de la toiture, coulage de béton sur plancher bois existant, et dans les zones termitées. Les bois en contact avec la maçonnerie seront traités contre une éventuelle attaque de termites.

De ce fait, il est difficile de se prononcer de façon catégorique sur le bien-fondé d'un traitement. En tout état de cause, cette opération constitue une valeur ajoutée au bâti existant prévenant des dégradations naturelles ou accidentelles ultérieures. Il est alors question de « traitement préventif ».

Peut-on traiter soi-même ?

Pour savoir qui d'un professionnel ou d'un particulier peut réaliser un traitement, il est important de prendre en compte des critères essentiels :

- l'efficacité attendue,

- la garantie,

- la sécurité,

- le matériel.

Concernant l'efficacité attendue, il existe des règles précises pour traiter le bois, ainsi que des produits reconnus pour leur pouvoir insecticide et/ou fongicide. Les produits mis sur le marché de la grande distribution ont parfois une efficacité non reconnue et même incertaine. Les travaux réalisés par les professionnels agréés par le CTBA, sous le label CTB A+, garantissent d'une part, l'assurance du respect des prescriptions techniques pour le traitement du bois et autres matériaux mis en oeuvre, et d'autre part l'emploi de produits certifiés par le CTBA sous le label CTB P+ dont l'efficacité et la sûreté ont été contrôlées (voir paragraphe 4.1).

Les phénomènes d'altération des bois dans les constructions sont complexes et ne se résument pas simplement à une sorte de « chasse aux petits trous » laissés par des vrillettes ou autres insectes xylophages. De nombreux facteurs influent sur l'état sanitaire des bois : les désordres d'humidité qui entraînent des attaques de champignons de pourriture, des remontées d'eau dans les murs, etc. Il s'agit de phénomènes contre lesquels le particulier ne peut rien sinon faire appel à une entreprise de bâtiment. Le traitement des bois ne servira à rien tant que les désordres de la construction n'auront pas été identifiés et réparés.

De même, le particulier saura-t-il si son parquet qui part en poussière est attaqué par la petite vrillette, ou bien pire par les termites ? Selon la nature du parasite, les processus de traitement peuvent être radicalement différents. Et s'il traite lui-même, saura-t-il s'il a bien éliminé toutes les possibilités de nouvelle infestation ? Une zone encore infestée par des larves d'insectes, des rhizomorphes de Mérule non découverts sur une maçonnerie, un aménagement de combles ou une réfection de salle de bains sur des bois non sains, sont autant de risques d'aggravation des dégâts.

La complexité du bâti, celle du diagnostic initial, et même l'erreur toujours possible, peuvent conduire à un traitement complémentaire. Or, les professionnels agréés CTB A+ proposent une garantie de résultat sur une période pendant laquelle ils renouvellent leur intervention gratuitement en cas de difficulté.

Les prescriptions techniques du traitement définissent une série d'opérations à réaliser à partir d'un matériel précis (voir chapitre 4.2) pour la bonne application du produit. De plus, la manipulation de produits toxiques que sont les produits de traitement nécessite des précautions importantes et des protections individuelles adaptées, notamment vis-à-vis des émanations de solvants et du risque important d'incendie. Le travail dans une atmosphère inflammable requiert donc l'expérience d'un professionnel formé à la sécurité.

Notons par ailleurs, que le matériel vendu en grandes surfaces sous forme de kit de traitement n'a rien à voir avec le matériel professionnel. Il s'agit d'un outil de bricolage dont la performance n'est pas prouvée (voir chapitres 4.2. et 4.3).

Faut-il intervenir rapidement ?

Il faut nuancer les théories selon lesquelles une infestation d'insectes ou de champignons se développe à une vitesse phénoménale.

Il est sûr que dans le cas d'insectes, le nombre de générations d'individus croît rapidement d'une année à l'autre, et la conjonction de conditions idéales à leur développement peut accélérer le processus. Néanmoins, quand on connaît la durée du cycle évolutif de l'insecte, jusqu'à 5 ans pour le capricorne et jusqu'à 10 ans pour la grosse vrillette, le traitement peut être envisagé sereinement.

Le diagnostic doit permettre d'évaluer l'étendue des dégâts. Dans la mesure où des éléments constructifs peuvent avoir perdu beaucoup de leurs propriétés mécaniques, ce sont les problèmes de perte de résistance qui conduiront à considérer un traitement dans les plus brefs délais, avec le renforcement, voire le remplacement, des pièces défectueuses.

Dans le cas des termites, le problème est un peu différent. En effet, plus l'infestation sera prise tôt, moins le traitement sera important, et moins il y aura de réfections à réaliser sur l'esthétique du bâti.

3.2. TYPES DE TRAITEMENTS

Un traitement curatif ou préventif de bois mis en œuvre et autres matériaux implique une technique, un matériel et un produit. Le choix d'un traitement revient à déterminer chacun de ces éléments de façon précise.

Le traitement préventif, selon la norme NF X 40-002, consiste à conférer une bonne durabilité au bois dans l'emploi auquel il est destiné, en empêchant le développement d'agents d'altération biologique.

Avant leur mise en œuvre, les bois reçoivent, selon leur durabilité naturelle, un traitement dit « préventif » qui est différent du traitement préventif de bois une fois mis en œuvre.

En effet, lors de la fabrication d'un ouvrage, en fonction de sa destination et donc de la classe de risques requise correspondante, on choisit un bois d'essence naturellement durable, ou bien à durabilité conférée par le traitement. Le traitement se fait alors selon des techniques spécifiques, trempage, badigeonnage ou vide/pression, avec des produits eux aussi spécifiques.

Lorsque l'on travaille sur des éléments constructifs existants, il n'est alors plus question d'utiliser ces mêmes techniques et produits sur les bois et autres matériaux en place. Dans ce cas, le traitement préventif ne se justifiera que si l'on a la certitude de l'absence d'infestation biologique. En cas de doute, il faudra envisager un traitement curatif contre les agents biologiques concernés.

Le diagnostic parasitaire a donc toute son importance pour déterminer le ou les modes de traitement.

Selon la norme NF X 40-002, le traitement curatif est défini comme suit :

Terme trop général pour être employé seul, un traitement curatif s'adresse toujours à un ou plusieurs agents d'altération biologique.

- ❑ Traitement curatif contre les insectes à larves xylophages : opération visant par un procédé adéquat à tuer les larves *in situ.*
- ❑ Traitement curatif contre les champignons lignivores : ensemble de mesures visant à éliminer les causes d'humidité, responsables de l'altération, et à détruire le mycélium.

❑ Traitement curatif contre les termites : ensemble de mesures visant à assainir l'ouvrage attaqué, à l'isoler de la source d'infestation et à tuer les insectes en place.

Le traitement curatif chimique, du fait même de l'établissement d'une barrière insecticide, a également une efficacité préventive contre les nouvelles infestations.

On peut distinguer quatre grands types de traitements du bâti existant selon l'agent de dégradation combattu, la nature de l'ouvrage et la technique employée :

❑ Les traitements (curatifs, préventifs) contre les insectes à larves xylophages : capricorne, hespérophanes, lyctus, vrillettes et contre les termites de bois secs.

❑ Les traitements contre les champignons lignivores.

❑ Les traitements fongicides sur ouvrages en extérieur ou en atmosphère humide.

❑ Les traitements contre les termites souterrains

3.3. TRAITEMENT CONTRE LES CAPRICORNES, HESPÉROPHANES, LYCTUS, VRILLETTES ET TERMITES DE BOIS SECS

L'efficacité curative recherchée pour ce type de traitement fait appel à des principes soit d'ordre physique, soit d'ordre chimique.

3.3.1. TRAITEMENT CURATIF PHYSIQUE

Les principes physiques étudiés jusqu'à présent sont nombreux : action de la chaleur, du froid, des microondes, des ondes électriques à haute fréquence et à hyperfréquence, des ultrasons, du vide, des rayons X, des rayons γ.

L'efficacité de ces méthodes a parfois des limites. De plus, certaines d'entre elles nécessitent un équipement très spécialisé, comme les rayons γ, et présentent des risques. Seules seront évoquées ici l'action de la chaleur et celle des microondes.

Traitement à la chaleur

Dans le premier chapitre, nous avons signalé que les températures supérieures à 60 °C étaient létales pour les larves d'insectes.

Ce principe a été et est toujours utilisé industriellement dans les enceintes de séchage où cette température est atteinte en fin de séchage. Les professionnels du traitement curatif (notamment en Allemagne) utilisent cette technique pour le traitement des charpentes. La méthode consiste à envoyer dans des greniers rendus étanches de la vapeur d'eau à 100 °C à partir de chaudières situées sur des camions et de ce fait mobiles. La température de 80 °C contrôlée par des sondes est maintenue au cœur du bois pendant le temps nécessaire, en fonction de l'épaisseur des bois.

Ce procédé est notamment utilisé pour la réglementation de quarantaine concernant l'importation des bois pour l'Australie.

À titre d'exemple, pour une température de 70° C, les durées de traitement sont les suivantes :

Épaisseurs du bois mm	Durée du traitement heures
e ≤ 50	6
50 < **e** < 75	8
76 < **e** < 100	10
100 < **e** < 150	14
150 < **e** < 300	24

Traitement aux microondes

Ce procédé est également basé sur l'action de la chaleur.

Les microondes ont la propriété d'exciter les molécules polaires comme celles de l'eau. Ceci permet une montée thermique rapide qui détruit les larves dont le contenu en eau est d'environ 70 % sans provoquer une montée en température du bois, échauffement qui risquerait d'entraîner pour ce matériau des altérations physiques telles que l'apparition de fentes.

Depuis le début des années 1980, des études ont été faites pour appliquer ce procédé séduisant au traitement des charpentes. Malheureusement, si ce procédé est efficace pour les larves, il est nocif pour l'homme et son application dans ce domaine demanderait donc des protections difficiles à mettre en place. De plus, il est important de s'assurer qu'il n'y ait pas de pièce métallique dans le champ d'action des ondes sous peine de créer un arc électrique et de provoquer un incendie.

Il est important de noter que ces procédés n'ont qu'une efficacité curative mais non préventive.

3.3.2. TRAITEMENT CURATIF CHIMIQUE

Il existe différentes méthodes de traitement chimique.

- les brouillards insecticides ou nébulisation,
- la fumigation,
- l'application de produits chimiques.

Les brouillards insecticides

Le principe de ce type de traitement est de déposer des particules insecticides par vaporisation à l'intérieur d'un lieu clos. Celles-ci agiront par contact sur les insectes adultes lors de leur période d'envol. Ce traitement ne peut être utilisé avec succès que lorsque l'essaimage des insectes se produit dans un laps de temps réduit, deux ou trois semaines, car l'efficacité de ces particules est relativement courte dans le temps. L'objectif est d'entraîner la mort rapide des insectes adultes qui, de ce fait, ne pourront pas pondre.

Il faut savoir que les insectes situés à l'intérieur du bois, quel que soit leur stade de développement, ne peuvent être touchés par un tel procédé.

Cette méthode est économique, simple et flexible, mais ne permet qu'une éradication incomplète des insectes, les premiers et les derniers insectes éclos risquant de ne pas être intoxiqués. L'opération est à renouveler lors de la prochaine éclosion.

La fumigation

Elle consiste à maintenir des bois infestés dans une atmosphère hermétiquement close, saturée en gaz toxique : acide cyanhydrique, phosphine (phosphure d'hydrogène), bromure de méthyle, oxyde d'éthylène, gaz carbonique, etc. Ces gaz agissent sur les insectes par inhalation et, contrairement à la méthode précédente, pénètrent à l'intérieur des bois, tuant tous les insectes quel que soit leur stade de développement. L'application peut se faire suivant la nature du gaz, soit à la pression atmosphérique dans une construction ou sous bâche, soit dans une enceinte sous vide.

Les risques mortels que présente l'utilisation de ces gaz nécessitent beaucoup de rigueur. Ils ne peuvent être mis en œuvre que par des personnes titulaires d'un agrément du ministère de l'Agriculture obtenu après une formation complète sur leur manipulation et les risques encourus.

Cette méthode qui est interdite dans les locaux d'habitation, sauf autorisation spéciale, est fréquemment employée pour la désinsectisation des stocks de grains dans les moulins ou silos. Elle peut convenir pour des objets ou ouvrages ne permettant pas de dégradations d'ordre esthétique (mobilier, objets d'art...).

Ces deux méthodes de traitement n'ont qu'une action curative. Étant sans efficacité préventive, leurs applications sont restreintes au secteur de la construction, notamment en raison de leur coût, de leur complexité et du manque de garanties dans le temps qu'elles peuvent offrir. C'est pourquoi la troisième méthode, par application directe de produits de préservation, est très répandue dans le milieu du bâtiment.

L'application de produits de préservation

Cette technique présente l'avantage d'être à la fois curative et préventive. Elle s'adapte aisément aux situations rencontrées dans la construction. L'objectif est d'éliminer, par l'application de produits de préservation en surface et/ou en profondeur, la totalité des larves se trouvant dans le bois et de créer une barrière protectrice qui évite toute nouvelle infestation, tout du moins pendant la période de rémanence du produit.

La démarche de traitement des bois en place est quasiment identique que ce soit contre le capricorne, l'hespérophanes, le lyctus ou les vrillettes. Elle confère au bois une durabilité garantie uniquement si les éléments de bois se situent en classe de risques 1 ou 2, c'est-à-dire pour des bois dont la surface peut être humidifiée temporairement ou accidentellement et dont l'humidité est en moyenne inférieure à 18 %. Cela vise donc par exemple les charpentes et planchers intérieurs de bâtiments d'habitation ou de bureaux, les ossatures correctement ventilées, mais pas les ossatures de piscines ou de patinoires, ni les auvents ou loggias.

Afin d'obtenir l'efficacité voulue, les produits utilisés pour ce procédé doivent être évidemment adaptés à l'agent de dégradation. Il faut donc veiller à utiliser un produit curatif (classe de risques 2) d'efficacité reconnue pour le ou les insectes concernés (voir chapitre 4.1).

Les étapes du traitement sont les suivantes :

Le sondage

Il consiste à sonder les bois au moyen d'un instrument approprié, griffe, poinçon, hachette, afin de déterminer les zones contaminées. Si ce sondage doit être systématique sur la totalité des pièces de bois, il peut cependant être réalisé le plus discrètement possible, notamment lorsque les bois sont apparents dans les locaux habités.

Le bûchage

Le bûchage a pour but d'éliminer les parties de bois vermoulues au moyen d'une hachette ou de tout autre outil. Il est indispensable pour mettre à nu le bois encore résistant. Cela permet :

❑ de contrôler l'état des charpentes pour des raisons de sécurité,

❑ de déterminer les éléments à renforcer ou à remplacer éventuellement,

❑ de faciliter la pénétration du produit de préservation vers les zones à protéger au moment de l'application de surface.

Dans certains cas (traitement de menuiseries, de voliges, de lattes ou liteaux, de parquets), le bûchage peut ne pas être effectué, ou l'être de façon plus sommaire.

Le brossage et le dépoussiérage

Le brossage consiste à éliminer la vermoulure dans les galeries creusées par les larves et mises à nu par le bûchage. Cette vermoulure absorberait inutilement une partie du produit appliqué.

Le dépoussiérage permet le nettoyage de toutes les surfaces du bois afin de faciliter de la même manière la pénétration du produit.

Le traitement en profondeur

Le traitement consiste à injecter un produit de préservation dans des trous percés dans le bois : ce sont les puits d'injection.

Depuis que ce type de traitement est employé, l'injection se fait par remplissages répétés de produit, ou par application d'un embout conique fixé au pistolet, sur l'orifice du puits pour injecter en une fois sous basse pression. Cette technique a fait ses preuve et continue à être employée.

Des injecteurs plastiques ont été mis au point pour faciliter l'injection, grâce à un système anti-refoulement par bille ou clapet, et pour gagner en rapidité d'exécution.

Le traitement en profondeur doit être pratiqué dans tous les éléments apparemment attaqués ou non, ayant une section d'une épaisseur supérieure à 50 mm et un demi-périmètre (somme arithmétique du petit et du grand côté d'une section de pièce de bois) supérieur à 170 mm. Dans le cas des bois ronds, seuls ceux d'un diamètre supérieur à 100 mm nécessitent l'injection.

Les puits doivent être forés aux 2/3 de l'épaisseur du bois et disposés autant que possible en quinconce sur le parement (face de plus grande largeur, généralement verticale), ou en ligne sur le chant (face de plus petite largeur, généralement horizontale). Les puits doivent être espacés à intervalles de 33 cm (3 injections par mètre).

Ces injections doivent être prévues particulièrement au niveau des encastrements où elles sont doublées et orientées vers la maçonnerie au plus près de celle-ci, ainsi que dans les pièces de bois au contact des murs (sablières, chevrons de rive, etc.). Pour les solives et les entraits, les perçages ne doivent pas laisser plus de 60 mm en fond de puits (figure 3.1.).

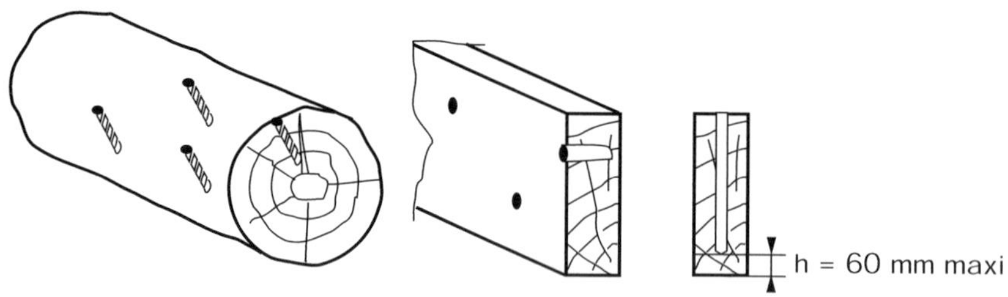

– Figure 3.1 –

Dans le cas des fortes sections (exemple : entraits, poinçons), il est nécessaire que les bois soient percés en quinconce sur les deux parements.

Les bois fissurés doivent être injectés en ligne, de part et d'autre des fentes (figure 3.2.).

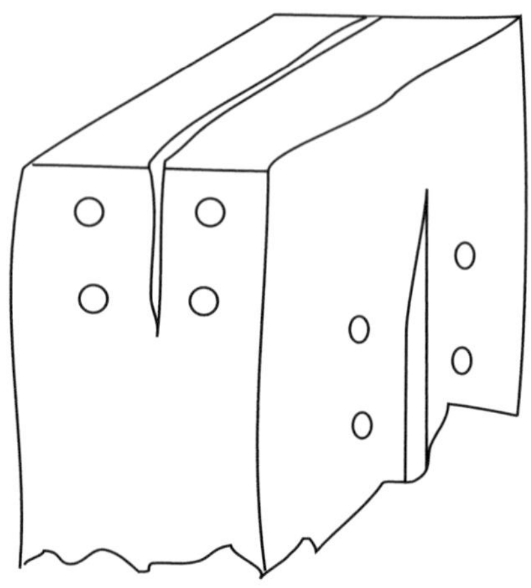

– Figure 3.2 –

L'introduction du produit de préservation dans les puits peut être réalisée :

❑ par remplissages répétés,

❑ sous pression à l'aide d'un matériel approprié. Les pressions élevées sont à proscrire compte tenu de l'inflammabilité des produits utilisés et des risques de rejaillissement.

La quantité de produit à introduire dans le bois doit être au minimum de 60 g par mètre linéaire, soit 20 g minimum de produit par puits suivant leur nombre au mètre. Ces quantités constituent une moyenne obtenue par la pratique d'un opérateur expérimenté.

Cas particulier des chevrons

Pour les chevrons ayant généralement une section dont le demi-périmètre est inférieur à 170 mm, une injection à leur base est nécessaire lorsqu'ils sont encastrés dans de la maçonnerie, ainsi que sur leur longueur à raison de 3 injections par mètre dans les cas suivants :

❑ chevrons de rive,

❑ dans certaines régions, chevrons de section de demi-périmètre supérieur à170 mm,

❑ chevrons de section inférieure à 170 mm présentant des traces d'attaques (orifices de sortie d'insectes) ou jugés dégradés lors du sondage.

Cas particulier des bois feuillus : chêne, hêtre, châtaignier, etc.

Ces essences ont, dans l'ensemble, une durabilité naturelle supérieure à celle des bois résineux. Seul l'aubier peut, selon l'essence, être vulnérable aux vrillettes, aux lyctus ou à l'hespérophanes.

Il est donc important de traiter les pièces de bois d'essences feuillues si elles présentent une large proportion d'aubier (épaisseur d'aubier supérieure à 3 cm), ou des traces d'attaque. Les injections sont systématiquement faites dans les encastrements de bois dans la maçonnerie.

L'application de surface

Cette application de surface est obligatoire dans tous les cas et s'effectue en deux temps. Une première application sur toutes les surfaces des pièces de bois est suivie d'une deuxième application.

Ces surfaces doivent être propres, dépoussiérées, décapées de leur finition (peinture, vernis, etc.), de manière à éviter qu'une couche imperméable s'oppose à la pénétration du produit. La quantité de produit à utiliser est de 250 à 300 g par mètre carré de surface développée (produit du périmètre de la section par la longueur de la pièce, en m^2). Dans le cas de pièces de faible épaisseur (inférieure ou égale à 15 mm) comme les voliges, l'application de surface sur une seule face est suffisante.

3.3.3. TRAITEMENT CURATIF CHIMIQUE DES ÉLÉMENTS EN BOIS LAMELLÉ-COLLÉ

Les structures en bois lamellé-collé attaquées par les insectes ne peuvent recevoir un traitement curatif par imprégnation de produit que si elles se présentent en classe de risques 2. En effet, un tel traitement n'aurait qu'une efficacité très limitée dans le temps s'il s'agissait de lamellé-collé en extérieur ou en atmosphère humide, les produits employés ne résistant pas à une telle humidité.

Les étapes du traitement s'inspirent de celles décrites précédemment. La nature du matériau nécessite cependant quelques adaptations.

La préparation des bois

Cette préparation indispensable comprend le bûchage des parties de bois vermoulues et le décapage du revêtement de finition (lasure, vernis, peinture, etc.) qui fait écran à la pénétration des produits de préservation.

Le choix du produit (voir paragraphe 4.1.)

Le traitement en profondeur

Compte tenu du fait que les plans de colle s'opposent à la migration du produit d'une lamelle à l'autre, il faut forer des puits de telle sorte qu'ils traversent un grand nombre de plans de colle. De plus, ces puits sont disposés de manière à ne pas affecter la rigidité et la résistance des éléments mis en œuvre. Pour satisfaire ces exigences, le nombre, les dimensions (diamètre et profondeur) et la disposition des puits doivent respecter les règles suivantes :

- nombre de puits : 3 par mètre,
- profondeur : fonction de l'orientation des puits (voir figure 3.3.),
- disposition en quinconce sur les parements, et en ligne sur les chants.

Pour des éléments d'une largeur inférieure à 7 cm, les puits sont forés à partir du parement et les deux lamelles supérieures et inférieures ne doivent pas être touchées. Pour une largeur supérieure à 7 cm (cas le plus fréquent), les puits sont forés soit comme indiqué précédemment, soit à partir du chant (voir figure 3.3.).

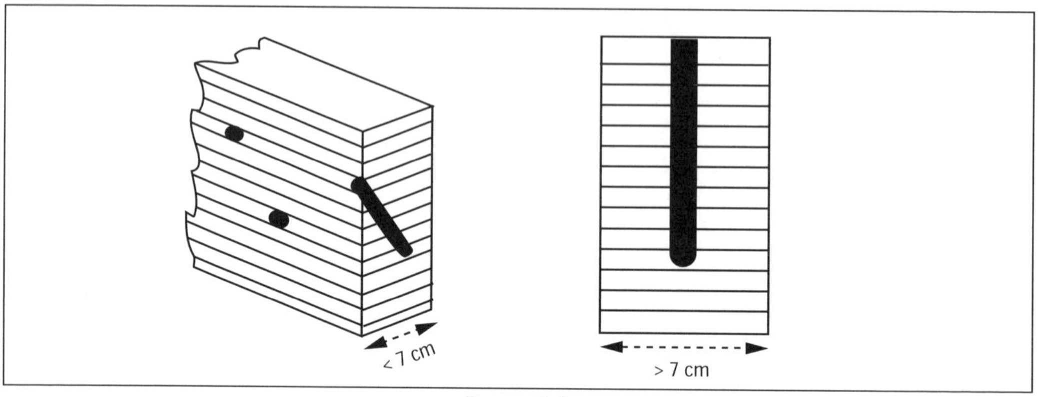

– Figure 3.3 –

Des essais de forage, réalisés dans des conditions similaires dans la partie tendue de poutres en bois résineux massif, ont montré une diminution de résistance mécanique résultant du traitement préconisé tout à fait négligeable, du fait que le développement des larves risque d'entraîner des perturbations beaucoup plus importantes. L'introduction du produit dans les puits peut être réalisée, comme dans le cas d'éléments massifs, soit par remplissages répétés, soit sous basse pression à l'aide d'un matériel approprié.

La quantité de produit à introduire doit être au minimum de 20 g par puits. Elle doit être sensiblement supérieure lorsque l'élément lamellé-collé est de forte section.

L'application de surface

Elle est réalisée comme dans le cas d'éléments massifs.

3.3.4. TRAITEMENT PRÉVENTIF CHIMIQUE

Les traitements préventifs des bois de construction, après mise en œuvre, sont à effectuer selon les procédés et avec le matériel utilisés pour les traitements curatifs.

Les principales opérations à effectuer sont les suivantes :

- Le sondage : il permet de vérifier qu'il n'y a aucune trace d'attaque, même localisée.
- Le traitement en profondeur dans les encastrements et les pièces au contact de la maçonnerie (chevrons, solives de rive, etc.).
- La double application de surface. À noter que ces surfaces doivent être propres, dépoussiérées, décapées de leur finition (peinture, vernis, etc...) de manière à ce qu'aucune couche imperméable n'empêche la pénétration du produit. La quantité de produit appliquée doit être de 200 à 250 g par m^2 de surface développée de bois. La surface développée d'une pièce de bois est égale au produit du périmètre de la section par la longueur de la pièce.

3.4. TRAITEMENT CONTRE LES TERMITES SOUTERRAINS

Selon les variétés de termites, leur mode de vie et leur processus d'attaque de la cellulose et compte tenu de la grande diversité des constructions, la réalisation d'un traitement s'avère très complexe. Il nécessite des connaissances essentielles sur la biologie des termites, sur le bâti ancien et les régles de la construction.

Le diagnostic « termites » développé au chapitre 2 est déterminant pour concevoir le traitement.

3.4.1. TRAITEMENT CURATIF

Il est difficile de parler actuellement de traitement « curatif » pour les termites. En effet, compte tenu des techniques et des produits utilisés, l'objectif est de protéger la construction et non d'éradiquer les termites. Ainsi, lorsqu'un bâtiment est traité, les termites sont « repoussés » à l'extérieur, voire chez le voisin ! Il faut en être conscient afin d'envisager les conséquences d'une intervention partielle sur un bâtiment, où les parties non traitées seront inéluctablement plus vulnérables.

Par ailleurs, la protection d'une construction contre les termites est fonction des conditions d'hygiène et de salubrité régnant dans le bâtiment et ses alentours. Le fascicule de documentation NF X 40-501 « *Protection des constructions contre les termites en France* » fournit quelques mesures complémentaires à prendre.

Les principaux conseils à donner avant toute intervention visent à supprimer toute cause d'humidité, à l'intérieur et à l'extérieur du bâtiment :

- Supprimer les infiltrations d'eau, notamment par le contrôle de l'étanchéité des fenêtres, des raccords de canalisations, etc...
- Surveiller les phénomènes de condensation.
- Limiter, voire supprimer, les remontées capillaires d'eau dans les murs.
- Assurer une bonne ventilation des caves, sous-sols, vides sanitaires et de tous les locaux humides.
- Vérifier l'état de la toiture, des chenaux, des descentes d'eau, des conduites d'évacuation, des regards, etc.
- Supprimer les points d'eau stagnante à proximité de la construction.
- Limiter la végétation trop proche des murs (plantes grimpantes, arbustes, etc.).
- Éliminer du terrain les vieux bois morts, les souches, etc.
- Isoler les stocks de bois de chauffage du sol et de la construction.

Ces mesures ne sont pas, en général, du ressort de l'applicateur de traitement, mais celui-ci peut attirer l'attention du propriétaire sur ces précautions fondamentales. Dans l'hypothèse où aucune mesure n'est prise par le client, l'entreprise peut formuler des réserves de garantie pour éliminer toute ambiguïté en cas de récidive d'attaque des termites.

La règle de base à respecter pour concevoir un traitement efficace consiste donc à définir un périmètre d'intervention, aussi bien sur l'implantation de la construction que sur son élévation. Le principe est de prévoir une intervention sur toute une tranche de bâtiment, du rez-de-chaussée jusqu'aux niveaux supérieurs. En effet, compte tenu du mode d'infestation des termites le plus courant, du sol en remontant vers le haut de la construction, on ne peut concevoir une intervention sans prendre en compte les locaux inférieurs.

Une opération par tranche a pour but de ceinturer la construction sur son périmètre de base, en répétant ces ceintures sur chaque niveau, afin d'isoler les parties traitées des parties attenantes ou mitoyennes. Ces ceintures de traitement visent les parties suivantes :

- ❏ les sol intérieurs et extérieurs,
- ❏ les murs de soutènement, soubassements et élévations,
- ❏ les cloisons,
- ❏ les doublages,
- ❏ les bois.

Le traitement des sols extérieurs

Le sol extérieur au bâtiment doit être traité de façon continue sur tout son périmètre, excepté dans le cas de mitoyenneté, selon un des deux procédés suivants, choisi par l'applicateur en fonction de la nature du sol et des possibilités.

- 1er procédé : traitement des sols extérieurs par forage et infiltration, communément appelé barrière d'injections au sol.

Les forages et infiltrations peuvent être effectués au moyen d'un pal injecteur. Les perçages sont suivis du remplissage avec un produit insecticide approprié, par gravité ou sous pression, ou par tout autre moyen équivalent (voir les produits de traitement au chapitre 4).

Les percements verticaux ou en biais vers le mur de fondation, ou parallèlement à ce dernier, doivent être effectués le plus près possible des murs. Comme indiqué sur la figure suivante, la distance « b » entre ces percements et le mur ne doit pas excéder 0,40 m. La profondeur minimale « a » de chaque puits d'injection doit être de 0,40 m.

Les percements sur une ou plusieurs lignes parallèles au mur sont pratiqués de manière à ce que deux trous voisins ne soient pas distants de plus de 0,20 m. Dans le cas de percements sur plusieurs lignes parallèles, ceux-ci doivent être disposés en quinconce (figure 3.4.).

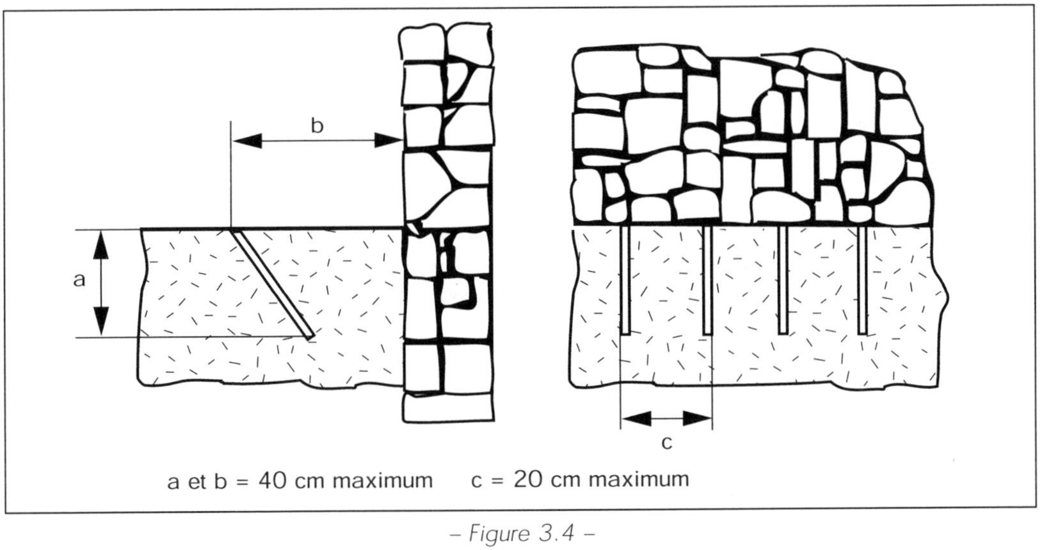

– Figure 3.4 –

- 2e procédé : traitement des sols extérieurs par creusement d'une tranchée

Une tranchée parallèle au mur est creusée sur le pourtour du bâtiment sur une profondeur minimale de 0,40 m. La distance maximale entre la paroi verticale de la tranchée la plus proche du mur et le mur lui-même, notée « a » sur la figure 3.5. est de 0,40 m (figure 3.5.).

Le traitement est alors effectué par épandage d'un produit insecticide approprié le long des parois et au fond de la tranchée. Un produit de type similaire doit être mélangé à la terre de remblai.

Des injections complémentaires dans le fond de la tranchée peuvent être effectuées pour une meilleure protection, dans certains cas particuliers.

Nota : Dans le cas où le traitement de sol ne pourrait être fait dans la zone périmétrique du bâtiment (trottoir côté rue en zone urbaine), cette barrière sera effectuée dans le mur à l'angle sol/mur, et ne remplace aucunement la barrière « mur » décrite plus loin (voir « Traitement des murs »).

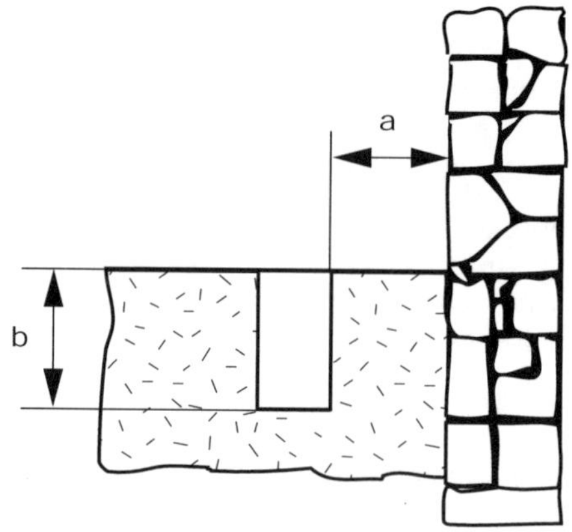

– Figure 3.5 –

Le traitement des sols intérieurs

Le traitement des sols intérieurs situés dans des caves, sous-sols, vides sanitaires, ou rez-de-chaussée sur terre-plein, sera adapté à leur nature.

On distinguera essentiellement deux cas :

Les sols maçonnés

Le traitement des sols maçonnés intérieurs doit être réalisé par le premier procédé cité précédemment, c'est-à-dire la barrière d'injections au sol, à l'aplomb des murs périphériques de la construction.

La profondeur minimale des puits doit être de 0,40 m, sachant que les forages doivent, dans tous les cas, traverser l'épaisseur maçonnée. Dans le cas où le sol présente des joints de dilatation ou des fissures, les injections se font dans ceux-ci.

Cependant, si le degré d'infestation du site l'impose, le traitement doit être exécuté par un écran sur le sol. L'écran consiste à effectuer, sur toute la surface du sol, des injections disposées selon des lignes fictives parallèles entre elles, et espacées de 50 cm maximum. La profondeur minimale est de 40 cm.

Les sols de terre battue

En fonction du degré d'infestation et de l'utilisation faite du sol, on choisit soit l'épandage de produit, soit l'écran d'injections (vu précédemment) sur toute la surface du sol.

Lorsqu'un plancher bois avec parquet repose sur le sol (ou sur remblai), ce dernier est traité par application abondante de produit au travers d'un quadrillage de trous forés au travers du parquet, entre les lambourdes (le traitement du plancher bois est abordé plus loin).

Le traitement des murs

Les deux principaux procédés utilisés sont :

La barrière antitermites

Il s'agit d'un traitement par injections effectué le plus près possible du sol, le long d'une ligne parallèle à celui-ci. Les injections se font tous les 20 cm maximum. La profondeur des puits doit être égale aux deux tiers de l'épaisseur du mur. Si cette épaisseur est supérieure à 60 cm, et si les moyens de percement ne permettent pas d'atteindre les deux tiers, les percements sont exécutés des deux côtés du mur jusqu'à la moitié de l'épaisseur.

L'écran antitermites

Cet écran est utilisé dans le cas où il y a un risque d'infestation de la totalité du mur, ou lorsqu'il n'y a pas d'accès sur l'autre face (cas des murs de soutènement).

Ce traitement se fait par des percements sur des lignes parallèles horizontales, espacées de 50 cm. Ils sont répartis en quinconce, tous les 50 cm. Leur profondeur doit traverser les deux tiers de l'épaisseur du mur.

Il faut cependant adapter ces procédés en fonction des matériaux rencontrés :

Cas des moellons

La profondeur des injections, d'au moins les 2/3 de l'épaisseur du mur, doit en outre dépasser le parement et atteindre le « rembourrage » du mur (figure 3.6.).

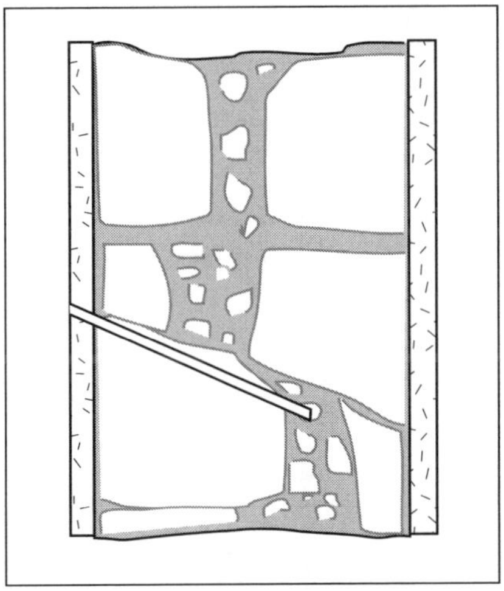

– Figure 3.6 –

Cas des pierres appareillées et parpaings pleins

Les injections doivent être faites dans les joints.

Cas des briques pleines et torchis

Les injections doivent être faites comme dans le cas général de la barrière antitermites.

Cas des briques creuses et parpaings creux

Ils doivent être traités par barrière d'injections, de manière à imprégner au maximum le matériau constitutif dans l'épaisseur du mur. Les fissures éventuelles doivent être particulièrement bien repérées et traitées.

Le traitement des murs comprend :

- les murs périmétriques,
- les murs de refend,
- les murs mitoyens,
- les caves voutées.

Les murs périmétriques (y compris les murs de soubassement et les murs de soutènement)

Ils doivent être traités aux niveaux sous-sol/cave et rez-de-chaussée de sorte que les barrières d'injections ceinturent la construction de façon continue.

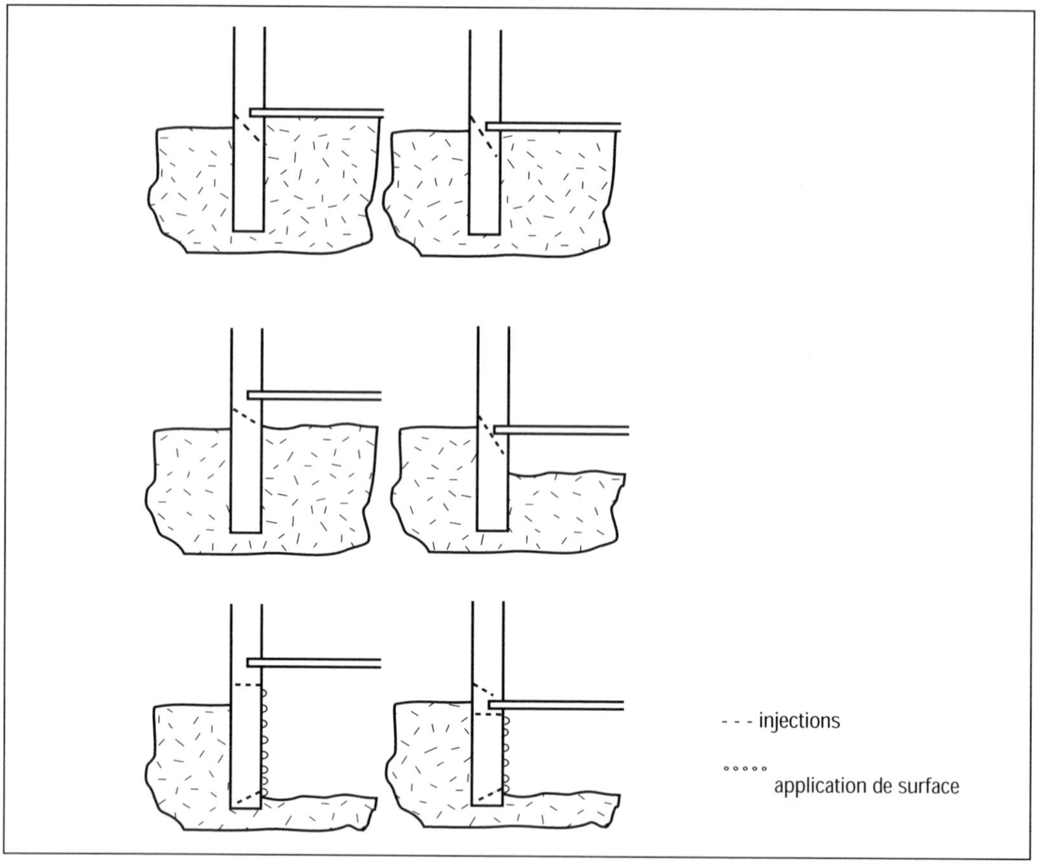

– Figure 3.7 –

Les principaux cas de figure, quelles que soient les régions termitées, apparaissent dans les schémas suivants, sachant que le traitement indiqué est un minimum indispensable. En effet, lorsque le degré d'attaque est important, des barrières d'injections supplémentaires peuvent être réalisées, tout comme des écrans d'injections (figure 3.7.).

Les murs de refend (sur fondations)

Ils sont systématiquement traités à leur base au moyen de la barrière antitermites, aux niveaux sous-sol et rez-de-chaussée.

Les murs mitoyens

Selon le degré d'attaque connu dans les bâtiments voisins, la barrière horizontale d'injections dans le mur mitoyen au sous-sol et rez-de-chaussée est aussi réalisée dans le mur, au niveau de chaque plancher de mitoyenneté.

Par ailleurs, une barrière verticale d'injections jusqu'à 1,50 m de hauteur environ, doit être réalisée à la séparation avec des constructions mitoyennes, ainsi qu'aux angles formés avec les murs attenants.

Les caves voûtées

Le traitement de ces caves comprend à la fois :

❏ une barrière basse continue (au-dessus du sol),

❏ une barrière haute continue (au-dessous de la voûte),

❏ soit un traitement du plancher supérieur par quadrillage d'injections (écran), soit un quadrillage d'injections par en dessous dans la voûte (en s'assurant auparavant des risques structurels encourus).

Le traitement des cloisons

Lorsque la cloison repose sur un plancher ou sur une lisse basse, il n'est pas indispensable de la traiter par injections. En revanche, si celle-ci repose sur le sol, il est nécessaire de réaliser une barrière d'injections telle qu'elle est décrite précédemment.

Le traitement des doublages (contre-cloisons, etc.)

Tous les doublages des niveaux infestés doivent être traités de préférence en partie haute, par une ligne d'injections atteignant la lame d'air entre le doublage et le mur (ou entre le doublage et la cloison). Lorsque l'injection risque de dégrader l'isolant sous doublage, le traitement peut être réalisé en partie basse.

De plus, lorsque le mur lui-même est traité à sa base par une barrière antitermites au travers du doublage, les injections sont faites en deux temps : tout d'abord dans l'épaisseur du mur, puis dans le vide derrière le doublage.

Le traitement des bois

Ces traitements concernent :

- les planchers,

- les charpentes,

- les linteaux et les raidisseurs de cloisons,
- les huisseries de portes,
- les dormants de fenêtres,
- les plinthes,
- les lambris et boiseries.

Les planchers

Le traitement des planchers s'impose à tous les niveaux infestés, ainsi qu'au niveau supérieur où aucune attaque n'a été décelée (ce qui signifie que le diagnostic porte sur l'ensemble des niveaux). Ce niveau supérieur non infesté n'est traité qu'aux encastrements des éléments de portée. Ceux-ci englobent toute pièce de bois prenant appui directement sur les maçonneries en un ou deux appuis, ou indirectement sur une pièce de bois y prenant appui à son tour (cas des solives, solives de rive, poutres, solivettes).

Les encastrements sont alors traités par deux injections : l'une au travers de l'encastrement et débouchant dans le contact bois/maçonnerie, l'autre « plein bois » à l'aplomb du mur (figure 3.8.).

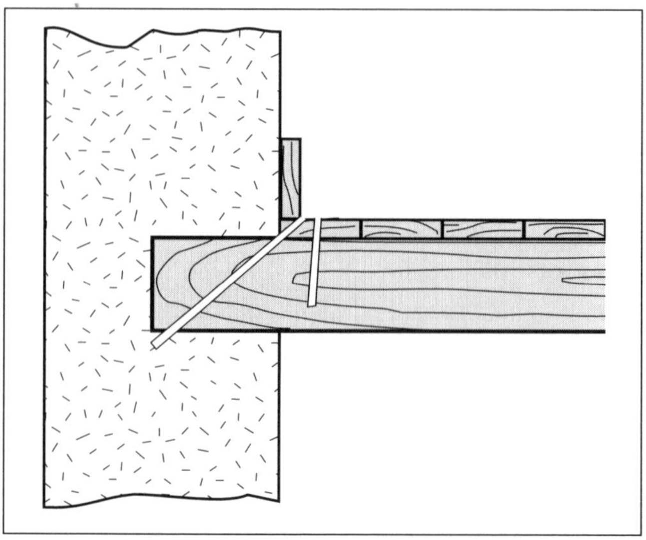

– Figure 3.8. –
Cas des solives accessibles

Dans le cas d'éléments de portée difficilement accessibles par le dessus, les injections peuvent être faites à l'aplomb du mur, dans la maçonnerie, atteignant au-dessous l'encastrement dissimulé.

Le traitement des éléments de charpente (sablières, pannes, chevrons, entraits) et le solivage de charpente sera abordé ultérieurement.

Deux configurations de planchers sont envisagées :

Cas des planchers sur sol ou à moins de 0,40 m du sol

Le traitement consiste en :

❏ une application de surface sur les éléments de portée, généralement réalisée au travers du parquet par un quadrillage de trous entre les solives sur tout le plancher ;

❏ des injections tous les 33 cm dans tous les éléments de portée du plancher sur toute leur longueur ;

❏ deux injections dans tous les encastrements de ces éléments de portée (l'une « plein bois » à l'aplomb du mur et l'autre dans la liaison mur/bois) ;

❏ dans le cas de parquet, l'épandage sur les lames préalablement mises à nu.

Cas des planchers à plus de 0,40 m du sol, les planchers bas des étages infestés, et le plancher bas du niveau supérieur non infesté

Le traitement consiste en :

❏ une application de surface sur les éléments de portée une fois mis à nu dans le cas de poutres apparentes, ou au travers du parquet par un quadrillage de trous entre solives sur tout le plancher ;

❏ deux injections dans tous les encastrements de ces éléments de portée (l'une « plein bois » et l'autre dans la liaison mur/bois) ;

❏ pour les éléments en contact avec les maçonneries, comme les solives de rive, des injections tous les 33 cm sur toute leur longueur ;

❏ pour les éléments de portée dans lesquels on a pu déceler une attaque, des injections tous les 33 cm sur toute leur longueur ;

❏ dans le cas de parquet, l'épandage sur les lames préalablement mises à nu.

Les charpentes

Si la présence de termites n'est pas décelée dans la charpente, celle-ci doit malgré tout être traitée lorsque le niveau inférieur de la construction est infesté.

Le traitement comprend alors :

❏ des injections tous les 33 cm, sur tous les éléments au contact de la maçonnerie, tels que les solives de rive, les sablières, les chevrons de rive, et ceci sur toute leur longueur ;

❏ deux injections dans tous les encastrements de bois dans la maçonnerie, l'une « plein bois » à l'aplomb du mur, l'autre dans la liaison mur/bois (encastrements de solives, entraits, pannes, chevrons) ;

❏ une injection à la base de chaque chevron ;

❏ l'application de surface sur tous les éléments au contact de la maçonnerie, tels que les solives de rive, les sablières, les chevrons de rive ;

❏ l'application de surface des 50 premiers centimètres des éléments de charpente en appui sur la maçonnerie tels que solives, entraits, pannes, chevrons.

Si la charpente présente des traces d'attaque de termites, elle doit être traitée comme précédemment, avec en supplément les opérations qui constituent le traitement contre le capricorne, l'hespérophanes, les petite et grosse vrillettes, à l'exception du bûchage et du brossage. Cela comprend donc le sondage, le dépoussiérage, le traitement en profondeur et l'application de surface.

Compte tenu des dégradations que peuvent occasionner les termites, le bûchage n'est pas réalisable, mais il est d'autant plus nécessaire d'évaluer par sondage la résistance mécanique des pièces attaquées en vue de les renforcer, voire de les remplacer.

Les linteaux

Aux niveaux infestés de la construction, les linteaux sont traités en totalité à la fois par des injections « plein bois » et par des injections débouchant dans le contact bois/maçonnerie.

Les raidisseurs de cloisons

Aux niveaux infestés, les raidisseurs de cloisons sont traités en totalité par des injections « plein bois ».

Les huisseries de portes

À chaque niveau infesté, toutes les huisseries, dans les murs comme dans les cloisons, sont traitées :

❑ dans chaque montant avec :

- une injection basse « plein bois »,
- une injection à mi-hauteur « plein bois »,
- une injection haute débouchant sur la maçonnerie ;

❑ dans la traverse haute avec une injection « plein bois » à chaque extrémité.

Les dormants de fenêtres

Le traitement comprend :

❑ trois injections dans la pièce d'appui jusqu'au contact bois/maçonnerie,

❑ trois injections dans les montants comme pour les huisseries de portes,

❑ deux injections « plein bois » en traverse haute comme pour les huisseries de portes.

Les plinthes

La face cachée des plinthes en contact avec la maçonnerie doit être traitée selon l'un des trois procédés suivants :

❑ l'introduction de produit à travers la plinthe par percements atteignant la maçonnerie, ceci tous les 33 cm maximum ;

❑ la pulvérisation des faces visibles, en insistant aux endroits où des décollements du mur peuvent apparaître. Ce type de traitement n'est possible que si le produit est absorbé par le bois dans les quantités minimales imposées par les prescriptions techniques pour les traitements contre les autres insectes xylophages (absence de peinture ou de vernis étanche au produit) ;

❑ l'application de produit sur toute la face cachée de la plinthe après décollement de celle-ci.

Les lambris et boiseries

L'opération consiste à déposer les lambris ou boiseries afin de pulvériser leur face cachée. Il en est de même pour les pièces d'accrochage des lambris.

Cependant, si une dépose complète est impossible, le traitement doit être fait par injection de produit en partie haute sur le dessus ou le dessous de la cimaise ou en partie basse des lambris ou boiseries, au travers de trous alignés tous les 33 cm.

3.4.2. TRAITEMENT PRÉVENTIF AVANT CONSTRUCTION

La préparation du site

Le terrain doit être débarrassé :

❑ de tous détritus, et particulièrement des matières cellulosiques (cartons, vieilles souches, racines, débris et piquets de bois), qui devront être brûlés de préférence sur place. Ce type de détritus et les bois temporairement utilisés durant la construction (bois de coffrage par exemple) ne doivent surtout pas être enterrés sur place.

❑ de toute végétation à l'emplacement où doit être édifiée la construction, surface agrandie d'une bande de 2 mètres de large sur tout le périmètre.

Les points d'humidité stagnante sous le bâtiment doivent être éliminés.

Le traitement du sol - Généralités

Quelle que soit la forme du bâtiment, le principe du traitement est d'effectuer une barrière chimique continue sur toute la surface du sol située sous celui-ci et sur une largeur d'un mètre au pourtour des murs de fondation. Dans ces zones, la terre doit contenir l'insecticide en quantité suffisante et ce, sur une épaisseur d'au moins 5 cm. Il est primordial de s'assurer au préalable que cette application ne fait courir **aucun risque à la nappe phréatique.**

L'application du produit

Le produit peut être appliqué, suivant les lieux et à la convenance de l'entreprise applicatrice, soit par épandage, soit par infiltrations, soit par injections à l'aide d'un pal injecteur.

En cas d'application par épandage, il faut tenir compte de la nature du terrain :

❑ si le terrain est sableux, prévoir auparavant une humidification du sol avec de l'eau, afin d'éviter les infiltrations du produit de traitement en profondeur et de maintenir la barrière chimique de la construction.

❑ si le terrain est argileux ou en pente, prévoir des scarifications du sol de 50 à 80 mm de profondeur afin de permettre la rétention du produit.

La terre de remblai des tranchées est soit mélangée au produit insecticide, soit remise par couches sur lesquelles l'épandage du produit est effectué à différents niveaux.

Un tel traitement ne peut pas être appliqué par temps de pluie ou lorsque le sol est gelé.

Le traitement doit avoir lieu entre 24 et 48 heures avant le recouvrement des sols.

Dans la plupart des cas, l'opération demande au minimum deux interventions. Elle est sensiblement différente suivant le type de construction.

Les quantités de produit à appliquer

La quantité de produit à appliquer est au minimum de 5 litres par m^2.

Pour le remblaiement, elle est de 50 litres par m^3 de terre.

Ces valeurs ne s'appliquent que dans le cas d'un traitement de terre avant construction, donc sans agression directe des intempéries sur les parties traitées. Il n'est pas envisageable de les prescrire pour un traitement de terrain non construit, notamment pour le traitement de décharges.

La construction sur terre-plein

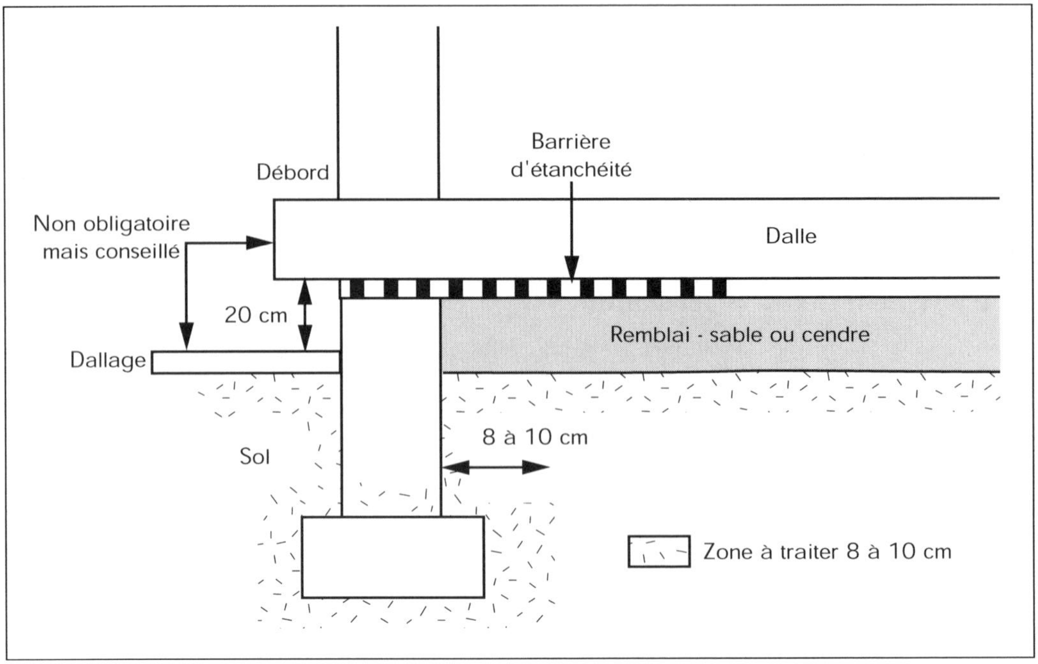

– *Figure 3.9.* –

Première intervention

L'épandage du terrain **qui doit impérativement être fait avant le coulage de la dalle**, s'effectue sur les agrégats stabilisés définitivement, les implantations ou leurs amorces étant auparavant établies.

L'application peut également être faite juste après le coulage des fouilles (semelle de fondation), mais avant élévation des maçonneries.

Deuxième intervention

Celle-ci intervient à la fin de la construction. Elle consiste en un épandage sur une zone périmétrique d'un mètre de large hors ouvrage.

Si les abords de la construction ont fait l'objet d'importants bouleversements, ou si le traitement des terres de remblai n'a pu être réalisé lors de la première intervention, il faut pratiquer des injections le long des fondations, extérieurement dans le sol

La construction sur vide sanitaire accessible

Ce type de construction est conseillé en région termitée, car il permet un renouvellement aisé du traitement lorsque la durée de vie du pesticide employé, limitée dans le temps, sera épuisée.

Pour des raisons d'accessibilité, la hauteur conseillée de ce vide sanitaire est de 80 cm au minimum. Il est indispensable d'y prévoir un trou d'homme ainsi que dans les murs de refend (figure 3.10).

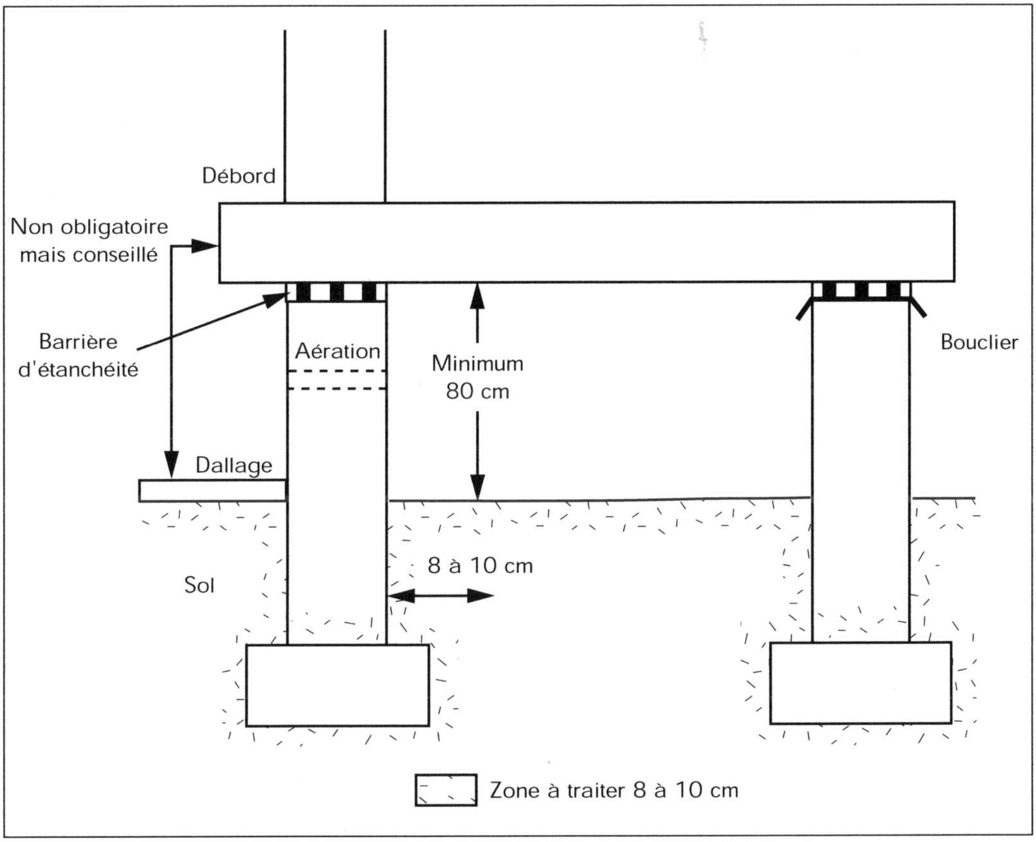

– Figure 3.10. –

Dans ce cas, l'intervention peut se dérouler une fois le gros œuvre terminé et peut alors être réalisée en une seule fois. Elle a lieu quand les fondations sont sorties de terre, avant ou voire après la pose du plancher.

Elle consiste en un épandage sur toute la surface au sol, à l'intérieur des murs. Le produit est également appliqué par ruissellement sur les joues de tous les murs du vide sanitaire.

Cette application doit être particulièrement soignée au niveau de l'arrivée des réservations. Elle est complétée par un épandage sur une zone périmétrique d'un mètre de large hors ouvrage.

La construction sur vide sanitaire inaccessible

Le traitement est pratiqué comme ci-dessus mais, dans ce cas, il nécessite deux interventions :

Première intervention : quand les fondations sont sorties de terre avant la pose du plancher ;

Deuxième intervention : à la fin de la construction pour effectuer l'épandage sur la zone périmétrique.

La construction sur cave ou sous-sol

Première intervention :

Elle est réalisée lorsque l'excavation et les fouilles sont terminées, après le coulage des semelles de fondation, avant l'élévation des murs et, le cas échéant, avant le coulage de la dalle. L'insecticide est répandu sur toute la surface du sol et des parois de l'excavation en passant sur les semelles de fondation.

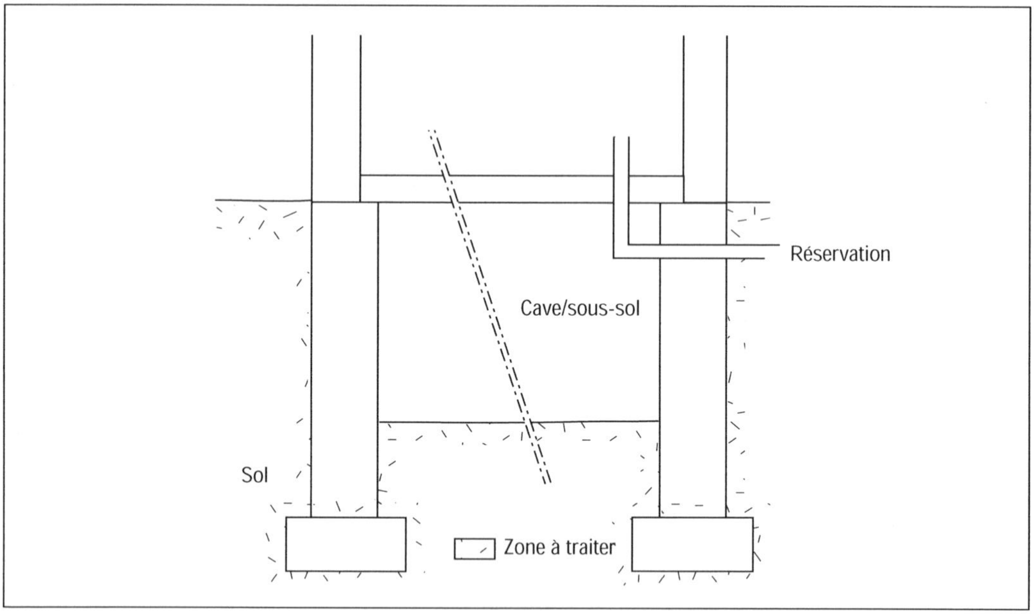

Figure 3.11.

Deuxième intervention :

Elle a lieu à la fin de la construction, sur le sol extérieur stabilisé.

Elle consiste en un épandage sur une zone périmétrique d'un mètre de large hors ouvrage.

Une intervention particulière est à prévoir au point d'introduction des réservations dans le sous-sol. Cette zone est protégée soit par épandage, soit par injections afin d'empêcher l'infiltration des termites, notamment le long des canalisations.

Il est important d'attirer l'attention du maître d'ouvrage ou du propriétaire sur les deux points suivants :

- ❑ toute modification de la construction ultérieure au traitement (distribution, dalle, rajout de bâtiment contre l'existant, perçage d'ouvertures en maçonneries, etc.) risque de compromettre en totalité ou en partie son efficacité et nécessite de contacter à nouveau l'entreprise applicatrice, faute de quoi la responsabilité de celle-ci ne saurait être engagée ;
- ❑ les bois d'ossature utilisés dans la construction, en fonction de leur durabilité naturelle, devront faire l'objet d'un traitement préventif avec un produit antitermites (à vérifier par le maître d'œuvre). Leur protection devra être conçue en fonction de leur exposition (classe de risques).

3.4.3. TRAITEMENT PRÉVENTIF APRÈS CONSTRUCTION

Le traitement préventif contre les termites après construction n'est possible que lorsqu'aucune trace d'attaque n'a été repérée sur l'ensemble du bâtiment.

Il se limite alors aux niveaux sous-sol et rez-de-chaussée, utilisant les procédés développés lors du traitement curatif. Il comprend :

❑ *sous-sol ou cave* :

- l'épandage sur sol « brut » (non maçonné),
- l'application de surface sur les murs et les bois apparents,
- l'injection des pieds d'huisseries en contact avec le sol.

❑ *rez-de-chaussée* :

- la barrière périmétrique d'injections dans le sol extérieur, ou la tranchée (voir paragraphe 3.4.1),
- la barrière d'injections dans les murs périmétriques et les murs de refend, à leur base,
- l'injection des pieds d'huisseries en contact avec le sol.

Dans le cas de constructions sur vide sanitaire accessible, ce dernier doit être traité par :

- une barrière périmétrique d'injections dans le sol extérieur, ou la tranchée,
- un épandage sur le sol « brut »,
- une application de surface sur la face intérieure des murs du vide sanitaire.

3.4.4. NOUVELLES TECHNIQUES

Si l'application de termiticides chimiques reste le meilleur moyen, actuellement, pour lutter contre les termites souterrains, la nécessité de recourir à des techniques plus douces pour l'environnement se fait sentir. Certaines recherches vont permettre la mise sur le marché de nouvelles méthodes de lutte dans les quelques années à venir.

Les mousses insecticides

Les produits antitermites pour sols et murs en phase liquide ne se répartissent pas toujours uniformément. C'est la raison pour laquelle, aux Etats-Unis, les produits sont de plus en plus souvent appliqués sous forme de mousse. La mousse sert de vecteur, elle transporte l'insecticide plus loin et comble mieux les interstices.

Cette mousse est produite au moment de l'application. Sa fabrication nécessite un équipement spécifique qui, en introduisant le mélange produit moussant-insecticide-eau, forme la mousse.

Si cette technique ne diminue pas de manière significative les risques environnementaux, elle augmente l'efficacité des traitements et diminue les risques d'interventions répétées.

Le poudrage

Utilisée surtout en Australie, cette méthode de lutte comporte trois étapes :

❑ Piégeage d'un nombre important de termites par l'intermédiaire d'appât. Les dispositifs de piègeage sont variables. Il peut s'agir par exemple de boîtes sans fond, remplies de carton ondulé ou de lamelles de bois. Ces dispositifs doivent permettre une inspection régulière sans déranger les termites.

❑ Poudrage des individus avec une poudre insecticide à effet retard et ne présentant pas de toxicité de contact importante.

❑ Relarguage des individus vivant à l'endroit du piégeage. Ceux-ci retournent alors dans leurs galeries souterraines et contaminent leurs congénères par trophallaxie (échange de nourriture) ou pendant le léchage.

La technique des appâts

Cette technique diffère de toutes les méthodes utilisées jusqu'à présent. Elle agit par l'intermédiaire des ouvriers et vise à supprimer le nid et à détruire les individus inaccesibles de la colonie qui restent dans le sol (les reproducteurs, les nymphes, les jeunes larves et les soldats). Elle consiste à placer sur les passages des termites, ou à proximité, des pièges contenant un substrat nutritif attractif pour ces insectes : bois sains ou dégradés par des champignons (*Glœophyllum trabeum*), papier filtre ou hygiénique, carton ondulé, sciure de bois, etc. Ce substrat est imprégné de produit à action lente tels que des insecticides d'ingestion, des régulateurs de croissance comme des inhibiteurs de chitine, des analogues d'hormones juvéniles. Ces produits, dont la concentration est étudiée avec précision, ne doivent pas bien sûr être répulsifs pour les termites. Ils sont transmis d'individu à individu par trophallaxie, processus biologique habituellement pratiqué par ces insectes et qui renforce la cohésion de la colonie. La rapidité avec laquelle les résultats se manifestent dépend de l'activité saisonnière, de l'importance de la consommation de l'appât par les termites et d'autres facteurs.

La lutte biologique

Les termites sont sensibles à de nombreux agents biologiques tels que prédateurs, bactéries, virus et champignons.

Nématodes

Ce sont des vers qui se trouvent parfois en quantité très importante dans le sol. Ces vers pénètrent dans le corps des termites, se nourrissent de leurs organes internes et parfois relarguent des bactéries qui entraînent la mort de leur hôte.

Une espèce particulière a été étudiée, *Neoaplectana carpocapsae*. Elle se révèle facile à élever sur le plan industriel. Cependant, sa durée de vie dans le sol est de deux à six mois et la nécessité de renouveler les interventions peut augmenter sensiblement le coût du traitement.

Cette technique pourrait convenir pour un traitement préventif ou curatif, mais les risques liés à l'application ont encore besoin d'être étudiés.

Champignons

Plusieurs espèces de champignons peuvent contaminer les termites et les tuer en produisant des toxines. L'espèce la plus connue, *Metarhizium anisopliae*, semble bien adaptée à la lutte anti-termites. Cependant, de grandes variations d'efficacité ont été notées expérimentalement en plein champ. Certaines colonies ont été détruites, mais d'autres ont continué à se développer malgré la présence du champignon. Il reste donc à contrôler des paramètres liés à l'environnement.

Les méthodes physiques et physico-chimiques

Différentes sortes de barrières ont été mises au point :

Les boucliers métalliques qui, lorsqu'ils sont convenablement posés au sommet des fondations d'un bâtiment, obligent les termites à contourner l'obstacle. La présence de leurs cordonnets permet de déceler leur activité.

La couche de particules granitiques, dont le diamètre est compris entre 1,7 et 2,4 mm. Lorsque les termites tentent de pénétrer cette épaisseur, leurs téguments se déchirent au contact des aspérités. Cette technique est commercialisée depuis quelques années en Australie, non seulement pour une utilisation en pré-construction, mais aussi en post-construction.

Le grillage en acier inoxydable très fin, aussi commercialisé pour la pré-construction dans ce pays. Il pourrait être utilisé verticalement en traitement curatif après construction.

Le film de polyéthylène basse densité insecticide, utilisé en pré-construction et commercialisé, en France sous le nom de *Termifilm*. Ce film d'une épaisseur de 150 µm est placé sous les fondations et sous le dallage au moment de la construction. L'aspect novateur de ce procédé est le greffage d'un insecticide sur le polyéthylène. Il assure à la fois une protection contre les remontées d'humidité et une « efficacité répulsive et mortelle contre les termites ». L'intérêt environnemental de ce produit est de réduire les quantités d'insecticide nécessaires et d'éviter sa dispersion dans le milieu environnant.

3.5. TRAITEMENT FONGICIDE

3.5.1. TRAITEMENT CURATIF

En raison du mode de vie des champignons et de la grande diversité des constructions, il est indispensable d'effectuer une visite approfondie des lieux et d'évaluer l'étendue du traitement à prévoir.

Dans le cadre de toute intervention, il est nécessaire de procéder aux mises « hors d'eau » et de rétablir ou de créer des conditions d'hygiène normales de la construction. Par la suite, celles-ci devront être maintenues.

Ces opérations ne sont pas obligatoirement du ressort de l'entreprise de traitement.

Le traitement ne pourra être mis en œuvre qu'à la suite d'un certain nombre de vérifications et opérations :

- recherche et suppression de la cause d'humidité,
- dépose des revêtements imperméables qui pourraient recouvrir parquets, planchers, parois, etc.,
- réalisation d'une ventilation efficace.

Si ces mesures ne sont pas prises, le traitement ne peut pas être garanti.

La technique de traitement développée ici est spécifique aux agents de pourriture cubique tels que la Mérule et le Coniophore, tous deux ayant des cordonnets se ramifiant sur un large périmètre autour du bois dégradé, notamment sur ou dans la maçonnerie. C'est pourquoi le traitement concerne les bois, les murs et les sols.

Les autres agents de pourriture rencontrés se développent là où l'humidité est anormale, ce qui évite les interventions sur la maçonnerie. Cependant, dans la mesure où ce genre de champignon est présent, il peut être prudent de prendre en compte le risque d'un développement ultérieur de Mérule, et d'effectuer préventivement le traitement d'un périmètre de sécurité sur les maçonneries sur un mètre environ autour des bois attaqués.

Les opérations qui constituent un traitement fongicide doivent être effectuées dans les parties présentant des traces apparentes d'attaque, mais également dans les parties contiguës, jusqu'à une distance minimale d'un mètre dans les trois dimensions.

Le traitement comprend donc :

- la préparation du traitement,
- le traitement du sol, des murs et des maçonneries,
- le traitement des bois.

La préparation du traitement

Il s'agit dans un premier temps de déposer tout revêtement masquant les surfaces au sol, les maçonneries et les bois à protéger, tels que les linoléums, les moquettes ou les tissus.

Le traitement du sol, des murs et des maçonneries

Les étapes sont les suivantes :

❑ Mise à nu des murs et des maçonneries par piquage des plâtres ou des enduits, décrépissage, etc.

- ❑ Recherche et élimination des petits éléments de bois, de calage ou de fixation, encastrés dans les murs. Si petit soit le morceau de bois, il est essentiel de le retirer de la maçonnerie afin d'éviter une nouvelle infestation, mais aussi pour ne pas occasionner d'incendie par combustion lente du bois après le brûlage.
- ❑ Brûlage (à la lampe à souder, au chalumeau) du sol, des murs et des maçonneries, afin de détruire tout organe du champignon : fructifications, filaments mycéliens, etc.

Traitement en profondeur

En effet, compte tenu de l'importance de leur pénétration dans les murs ou maçonneries, les organes de champignons risquent de ne pas être complètement détruits par le brûlage.

Ce traitement est alors effectué par introduction d'un produit fongicide (voir chapitre 4) dans des puits forés préalablement. Ceux-ci sont percés suivant un quadrillage (carrés de 50 cm de côté au plus) sur toute la surface à traiter (figure 3.12.).

Dans le cas où les injections sont disposées sur plusieurs lignes et/ou de part et d'autre d'un mur, il est souhaitable que les percements soient pratiqués en quinconce. La profondeur des trous doit être égale aux deux tiers au minimum de l'épaisseur des murs et maçonneries.

Lorsqu'il s'agit de murs appareillés (parpaings, briques pleines, etc.), les injections doivent être faites dans les joints. Pour les briques creuses, les parpaings creux, le but est d'infiltrer du produit dans la masse du matériau, sans remplir les cavités.

Traitement en surface

Les sols non maçonnés sont traités par épandage de produit. Les murs et maçonneries, une fois brûlés et injectés, subissent une application de surface abondante.

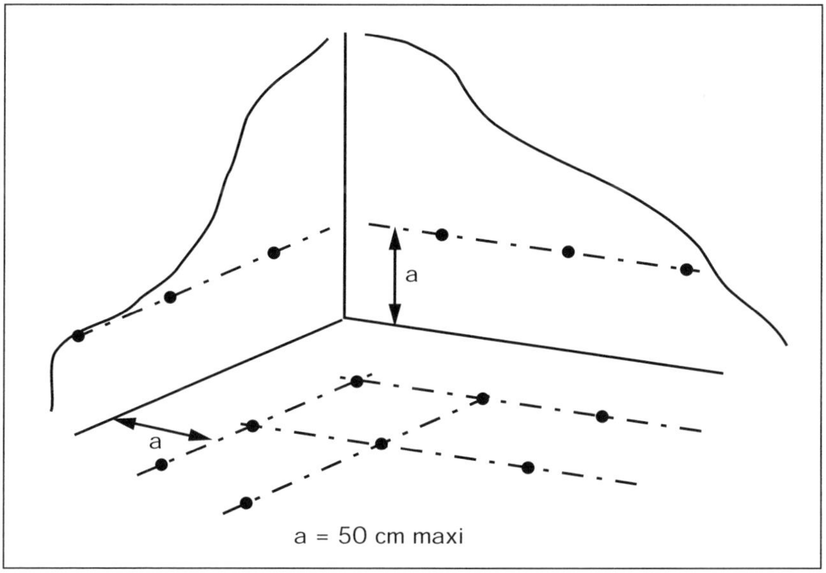

– *Figure 3.12.* –

Le traitement des bois - renforcement - remplacement

Bûchage

Toutes les parties de bois infestées et non résistantes doivent être éliminées au moyen du bûchage. Les abouts de solives, de sommiers, de poutres ou de poteaux encastrés dans la maçonnerie doivent être sectionnés à chaque fois qu'ils présentent un affaiblissement mécanique lors du sondage. Les boiseries, les huisseries de portes ou les dormants de fenêtres atteints par la Mérule doivent être remplacés. Certaines essences de bois offrent une durabilité naturelle suffisante et, dans ce cas, un bon brossage du mycélium de champignon sur les surfaces ensuite traitées peut suffire.

Renforcement ou remplacement des éléments

Les éléments dont les caractéristiques se révèlent insuffisantes doivent être renforcés ou remplacés à l'aide de bois préalablement traité classe 2 à 4 selon les conditions d'exposition (voir norme EN 335).

Le traitement chimique considère toutes les parties de bois bûchées, celles renforcées ou remplacées, celles en contact avec les murs et les sols, et celles intactes adjacentes sur un mètre à partir des zones atteintes.

Traitement en profondeur

Il se fait par injection d'un produit fongicide en solvant organique dans des puits préalablement forés, sur des éléments de moyenne à forte section (exemple : huisseries, solives, poutres), quelle que soit leur essence, particulièrement au niveau de leurs encastrements et sur tous les bois au contact des maçonneries.

Le nombre de puits ne doit pas être inférieur à 3 par mètre (33 cm entre 2 puits), la profondeur étant au moins les deux tiers de l'épaisseur des pièces.

Dans certains cas (huisseries, encastrements de solives, etc.), il est nécessaire qu'un ou plusieurs puits traversent, ici et là la pièce de bois, afin que le produit puisse se répandre entre le bois et la maçonnerie sous-jacente. Il faut veiller à ce que les puits d'injection ne diminuent pas la résistance mécanique des pièces de faible section. Le produit peut être introduit dans les puits, soit par remplissages répétés, soit sous pression à l'aide d'un matériel approprié. Il n'est pas nécessaire d'utiliser une forte pression ; les pressions élevées sont même à proscrire, en raison de l'inflammabilité des produits utilisés et du risque de rejaillissement.

Traitement de surface des bois

Il consiste à appliquer en surface un produit fongicide en solvant organique à 250-300 g/m^2 (voir chapitre 4).

3.5.2. TRAITEMENT PAR IMPLANTS

Les produits de préservation sous forme « d'implants » sont des produits solides : bâtons, capsules, pilules qui, introduits dans le bois, sont « diffusables » dans le cas d'humidifications anormales. Les matières actives qu'ils contiennent (très souvent le bore) sont véhiculées par l'eau contenue dans les éléments du bois en imprégnant ainsi les parois cellulaires. Ils sont utilisés principalement en tant que « fongicides ». Ce type de traitement est utilisable dans le cas de traitement curatif d'éléments de bois exposés en permanence ou par intermittence à l'humidité et pour lesquels il est impossible d'intervenir sur la conception (lamellé-collé, menuiseries extérieures, tous bois exposés en classe de risques 3). Il permet en outre d'être utilisé en tant que traitement préventif dans les cas d'exposition à un risque d'humidité (assemblages de fenêtre par exemple).

Les implants boraciques sont en outre très peu toxiques pour l'environnement. Installés dans le bois, leur délavabilité est très réduite, la diffusion ayant lieu à l'intérieur de la pièce de bois (humidité du bois supérieure à 25 %).

Ce type de traitement est particulièrement utilisé en France pour le traitement curatif du lamellé-collé (charpente, passerelle...). Il nécessite l'intervention d'un personnel qualifié ayant une bonne connaissance du bâtiment, notamment des zones à risques d'humidification et des dégradations occasionnées par les champignons lignivores et leurs conséquences.

Le traitement dans sa globalité comporte plusieurs phases :

Estimation précise du traitement

- ❑ Évaluer la surface et le volume des zones de pourriture à éliminer.
- ❑ Estimer les zones non dégradées à traiter.
- ❑ Estimer les zones non dégradées où le risque d'humification est important.

Remarque **:** *les zones de pourriture ayant été éliminées, elles devront être ensuite renforcées, par des résines par exemple. Le traitement de renforcement doit être effectué avant le traitement fongicide proprement dit.*

Calcul des doses à appliquer

- ❑ Déterminer les dimensions des pièces de bois.
- ❑ Déterminer le nombre et la taille des bâtonnets à appliquer pour obtenir la dose curative de 5 à 6 kilos d'acide borique par mètre cube de bois.
- ❑ Prévoir une dose plus élevée pour les zones particulières à risques :
  - bordure des poches de résine,
  - éléments à risque d'humification important (base de poteaux, proximité de murs, etc.).

Bûchage

- ❑ Éliminer par un bûchage soigné les poches de pourriture et **ne jamais laisser en place des zones dégradées, même de faible importance.**
- ❑ Traiter, au besoin, le fond des poches bûchées avec un produit de préservation à base de bore liquide ou par quelques bâtonnets boraciques de petite taille.

Traitement

- ❑ Installer dans les forages percés à 45 ° et disposés en quinconce la quantité de bâtonnets nécessaire calculée auparavant.
- ❑ Traiter, dans la mesure du possible, les deux faces de l'élément (moitié du nombre de bâtonnets prévu sur chaque face alternativement de chaque côté).

❏ Cerner les poches de résine par quelques bâtonnets boraciques de petite taille.

❏ Prévoir quelques bâtonnets supplémentaires dans les zones à risque d'humification élevé.

***Remarque** : la diffusion et l'action curative sont accélérées par le dépôt dans le fond de chaque forage d'une petite quantité de produit liquide boracique.*

Finition

Pour éviter une sollicitation trop importante des bâtonnets boraciques immédiatement après le traitement, prévoir rapidement l'application d'une lasure. Celle-ci devra être entretenue tous les deux à trois ans

3.6. L'ACTIVITÉ DES ENTREPRISES

L'agrément CTB A+ mis en place en 1960 par le CTBA et des professionnels du traitement des bois avait pour but d'établir des modalités de traitement et donner une qualification aux entreprises qui les mettraient en pratique.

Des prescriptions techniques ont été également définies dans un premier temps pour les traitements curatifs des bois de charpente contre tous les insectes, et par la suite pour les traitements contre les champignons.

Les prescriptions techniques pour les traitements contre les termites sont apparues beaucoup plus tard.

L'agrément a peu évolué jusque dans les années 1980, où il comptait 35 adhérents environ.

Depuis 1985, suite à la poussée du marché et aux actions menées par le CTBA et la profession, l'agrément s'est véritablement développé pour regrouper près de 100 entreprises agréées à la fin de 1994.

La demande d'agrément étant une démarche volontaire de la part de l'entreprise, celle-ci doit se conformer aux règles générales de la marque du CTBA et au règlement technique.

L'agrément a pour but de certifier que les entreprises qui en sont titulaires :

❏ possèdent la qualification professionnelle requise pour effectuer les traitements,

❏ assortissent leurs travaux d'une garantie de résultat,

❏ éliminent, dans leurs propositions écrites ou verbales, tout ce qui peut induire le client en erreur, notamment en ce qui concerne la nature et l'importance des remèdes à apporter, la nature des procédés utilisés,

❏ n'emploient, en aucun cas, de moyens ou d'arguments mensongers, abusifs, fallacieux ou pouvant être considérés comme tels.

L'agrément professionnel CTB A+ fonctionne sous l'autorité d'un Comité de Marque composé de 27 membres.

Il est pour le consommateur un gage de qualité et de sécurité. L'entreprise titulaire de cet agrément est régulièrement contrôlée par le service inspection du CTBA qui procède plusieurs fois par an à des inspections par sondage de ses chantiers traités, ou en cours de traitement, pour vérifier que ceux-ci sont conformes aux prescriptions techniques et que l'entreprise respecte effectivement le règlement et les exigences de l'agrément.

3.7. VÉRIFICATION DES TRAITEMENTS, RESPONSABILITÉS ET GARANTIES

3.7.1. VÉRIFICATION DES TRAITEMENTS

La qualité et l'efficacité des traitements insecticides et/ou fongicides peuvent être contrôlées d'une part sur place, et d'autre part en laboratoire.

L'ensemble des prescriptions techniques définies par le CTBA et les professionnels sont la base du contrôle des chantiers réalisés par les entreprises agréées sous le label CTB A+. Les inspecteurs techniques du CTBA vérifient la conformité à ce cahier des charges visuellement et par des sondages sur l'état du bois et la profondeur des puits d'injections.

En complément, ils prélèvent des échantillons de bois, d'agrégats de maçonneries et de sols afin d'étudier l'application des produits.

Les analyses sur le bois

Quel que soit le type de traitement, elles consistent à :

❑ Déterminer la rétention des matières actives après application de surface.

L'analyse porte sur des copeaux de bois prélevés sur 5 mm d'épaisseur sur les faces de l'échantillon.

❑ Déterminer la pénétration du produit après injection.

Les copeaux analysés sont alors prélevés dans l'épaisseur des pièces de bois, au plus près des puits d'injection.

Les analyses sur le sol pour les traitements antitermites

Les échantillons sont obtenus par carottage de diamètre et profondeur déterminés, de préférence sous vide sanitaire, sinon au pourtour de la construction, à l'aplomb des murs.

Dans le cadre de l'agrément, l'analyse réalisée est biologique. Elle consiste à mesurer le taux de mortalité des termites en présence du sol traité. Il est possible d'effectuer des analyses chimiques afin de déterminer la quantité de produit présente dans l'échantillon.

Les analyses sur les murs pour les traitements antitermites

L'échantillon est obtenu par les agrégats de maçonnerie issus du forage d'un puits à proximité des injections en murs et parallèlement à celles-ci. L'analyse est réalisée sur le même principe que pour les sols, soit par mesure biologique, soit par mesure chimique.

3.7.2. RESPONSABILITÉS ET GARANTIES

Les entreprises qui interviennent actuellement pour le traitement des bois et autres matériaux mis en œuvre fournissent à leurs clients les références de leur contrat d'assurance en responsabilité civile couvrant les risques de dommages liés à la réalisation des travaux. Cela doit être bien différencié de la garantie de résultat.

Outre la responsabilité civile, les entreprises certifiées par le CTBA s'engagent sur l'efficacité du traitement selon les dispositions entérinées par le Comité de la marque CTB P+ du 20 décembre 1995 et par le Comité de la Marque CTB A+ du 10 janvier 1996.

Ces entreprises de prestation de service pour le traitement des bois sont amenées non seulement à traiter les bois mais, de plus, à intervenir dans les zones à risque termites sur l'ensemble de la construction afin de créer des barrières de protection. Ces interventions concernent les sols et les murs, éventuellement d'autres éléments.

En matière de garantie, les éléments neufs concernant la structure de la construction, relevant par conséquent des traitements préventifs, tombent dans le champ d'application de la loi Spinetta et se trouvent, de ce fait, assujettis réglementairement à la garantie décennale.

Les traitements curatifs ne relèvent pas de cette démarche. La pression du marché et des habitudes, et plus particulièrement le fait que les entreprises interviennent à la fois de manière préventive et de manière curative, ont finalement conduit les entreprises à fournir des garanties commerciales de 10 années. Cette démarche était fondée sur l'expérience et une utilisation prolongée de produits connus.

C'est à partir de 1992 que sont apparues des mesures d'interdiction d'emploi d'insecticides très stables et de ce fait jugés dangereux au titre de l'environnement, en raison précisément de leur grande stabilité : par exemple, l'aldrine. Cette réglementation d'emploi des substances a posé à la profession un double problème. D'une part, il a fallu trouver des produits de remplacement suffisamment performants, et d'autre part, l'expérience acquise actuellement avec ces produits de remplacement n'est pas suffisante pour juger de leur durée de service.

Il fallait donc négocier la nature des garanties au regard d'une évaluation réaliste et de la mesure pratique des durées de service (2 ans - 5 ans - 10 ans).

En ce qui concerne l'approche adoptée par le CTBA, on distingue deux catégories de bois. D'une part, les bois de charpente pour lesquels les performances des produits sont toujours jugées de la même manière : la garantie de 10 ans peut être accordée. D'autre part les sols et murs pour lesquels il a été nécessaire de développer trois éléments de contrôle :

- ❑ trois normes expérimentales françaises actuellement disponibles (NF X 41-540, NF X 41-541, NF X 41-542)*,
- ❑ des critères d'évaluation des produits sur la base de ces essais, ce qui est actuellement décidé au niveau du Comité de Marque CTB P+,
- ❑ une certification CTB P+ pour produits sols d'une part, et produits murs d'autre part.

Du côté des fabricants et des prestataires de services, et suite à des travaux engagés au sein du Groupe de Travail termites (GT 6) de l'AFPB (Association Française pour la Préservation du Bois), un accord a finalement été trouvé entre les fabricants de produits de traitement et les utilisateurs titulaires de l'Agrément CTB-A+. Les produits sols et murs sont testés en vue d'une durée de service de 5 années qui peut être prolongée compte tenu de l'expérience pratique ou relayée au terme de contrats d'entretien.

* **Norme NF X 41-540** : *Détermination de l'efficacité antitermites des produits de traitement de sol en phase liquide (méthode de laboratoire)*

Norme NF X 41-541 : *Détermination de l'efficacité antitermites des produits de traitement pour murs, fondations et maçonneries*

Norme NF X 41-542 : *Produit de traitement antitermites des sols, murs, fondations et maçonneries (épreuve de vieillissement accéléré par percolation)*

Actuellement, l'engagement porte sur cinq ans. Il s'agit d'une démarche responsable visant à assurer une information objective du consommateur sur une durée de service de traitement qui pourra s'apprécier au fil des années. Les chantiers concernés seront visités au terme de deux ans d'application et repris en cas de réinfestation, puis resteront sous surveillance pendant trois ans à l'issue desquels des dispositions seront de toute façon à prendre.

De son côté, le CTBA renforce sa surveillance. En l'absence d'expérience pratique concernant les durées de service des nouveaux produits, le CTBA a mis en place parallèlement un essai de champ de référence pour tout produit certifié. Cet essai de champ s'achèvera au cours du 3ème millénaire au fur et à mesure de la sortie des résultats. L'objectif de cet essai est de pouvoir progressivement mettre en relation les résultats des essais de laboratoire avec la réalité des chantiers. En résumé, on part pour 5 ans et on sera plus précis à partir de la 6ème année, la situation ne pouvant que s'améliorer jusqu'à la fin de cette expérimentation.

Chapitre 4

MOYENS DE TRAITEMENT

4.1. PRODUITS DE TRAITEMENT

Les produits de préservation du bois à action curative doivent répondre à plusieurs objectifs :

- ❑ atteindre l'agent biologique là où il se trouve (pénétration suffisante dans le bois),
- ❑ stopper définitivement son activité (efficacité curative),
- ❑ empêcher une nouvelle infestation ultérieure : le produit doit être rémanent afin d'avoir une action préventive. Il doit donc être fixé dans le bois grâce à des résines de fixation.

Dans la pratique, les produits utilisés pour les traitements curatifs ont été également testés sur le plan préventif.

Dans les traitements contre les termites, en plus du traitement du bois, il est également prévu le traitement des sols et des maçonneries. Les produits doivent donc être adaptés, c'est-à-dire compatibles avec un milieu basique (maçonneries) ou très humide (sols).

De même, dans les traitements fongicides, le traitement des murs est également prévu

4.1.1. EFFICACITÉ BIOLOGIQUE DES PRODUITS

Le produit doit être efficace contre l'agent biologique en cause : insectes, termites ou champignons.

Pour le traitement des bois, le produit doit être conforme aux exigences du projet de norme européen EN 599.1. Les méthodes d'essai évoquées dans cette dernière font l'objet de normes européennes, à l'exception de celles concernant les produits antitermites des sols et murs (voir tableau 1).

4.1.2. SÛRETÉ DES PRODUITS

La législation française autorise la mise sur le marché de produits de préservation des bois sans homologation. Cependant, la certification CTB P+ des produits de préservation du bois et des produits antitermites pour sols et maçonneries atteste, non seulement leur efficacité, mais aussi leur sûreté. En effet, chaque formulation a fait l'objet d'une étude toxicologique et écotoxicologique.

4.1.3. IDENTIFICATION DE LA FORMULE CHIMIQUE

Les pesticides sont dosés par analyse chimique. Les différents critères prévus par la norme NF X 40-101 sont également définis (pour les solvants : point éclair, densité, intervalle de distillation, etc.; pour les émulsions : point éclair, extrait sec, etc.).

On procède également à des essais physico-chimiques suivant la norme NF X 41-580 (test d'oxydation, gel/dégel, etc.).

Il existe sur le marché différents types de formulations. Les pesticides en solvant organique sont souvent employés pour lutter contre les attaques des bois par les insectes xylophages ou les champignons lignivores. Mais l'utilisation d'émulsions se développe.

Les produits en solvant organique contiennent un insecticide et/ou un fongicide dans un solvant pétrolier comme le *white spirit*.

Les pesticides sont souvent à moins de 5 % avec des résines en concentration plus faible et parfois des agents colorants ou hydrofuges (water repellent). Ces produits sont volatils et inflammables.

Les hydrodispersables sont des huiles en émulsion dans l'eau dans lesquelles les matières actives sont dissoutes dans un solvant organique avec un émulsifiant chimique qui permet à ce concentré d'être dilué dans l'eau. Les émulsions doivent être stables et formulées de manière à pénétrer aussi bien dans le bois que les solvants organiques. C'est pourquoi, ce sont souvent des microémulsions. Les émulsions présentent l'avantage d'être moins inflammables que les produits en solvant organique, mais des précautions identiques sont à prendre lors de l'application.

Dans le cadre des traitements fongicides et antitermites, il est nécessaire d'intervenir au niveau des maçonneries et même des sols, voire d'autres matériaux dans le cas des termites. Il n'est pas recommandé pour cet usage d'utiliser des produits en solvant organique. Les problèmes de compatibilité (basicité des joints de ciment par exemple), de pollution (entraînement par les eaux de ruissellement, contamination des nappes phréatiques, etc.), de tenue dans le temps, font qu'il est préférable d'utiliser des produits en phase aqueuse comme des émulsions, des suspensions. D'autres types de formulations apparaissent : poudres mouillables, granulés, pesticides encapsulés, etc.

4.1.4. DOMAINES D'UTILISATION DES PESTICIDES

Les principaux insecticides utilisés dans le traitement du bois sont actuellement les pyréthroïdes : cyperméthrine et perméthrine. Du fait de leur toxicité pour l'environnement, les organochlorés sont progressivement éliminés du marché.

Depuis l'interdiction de l'aldrine, très stable et très efficace, d'autres molécules apparaissent pour le traitement antitermites des sols et des murs.

L'endosulfan, peu stable en pH basique, est surtout utilisé pour les sols. Les pyréthroïdes et le chlorpyrifos sont aussi sensibles aux pH alcalins, cependant, des formulations élaborées permettent à ces molécules d'être utilisées dans les murs. D'autres pyréthroïdes, comme l'alphaméthrine et la bifenthrine arrivent sur le marché, ainsi que des matières actives telles que le silafluofène, l'imidachlopride ou le fipronil. D'autres molécules verront le jour.

Dans le sol, la durabilité des produits dépend des eaux de ruissellement. Le problème est différent suivant l'emplacement, la nature des sols et les conditions climatiques. La présence d'adjuvant de fixation est sans intérêt ici. Le facteur à prendre en compte est principalement la résistance aux eaux de ruissellement.

Dans les maçonneries, la durabilité des traitements fongicides dépend aussi du degré de basicité du mur. Le pentachlorophénate résiste bien en milieu basique (joints de ciment). À ce jour, il est le seul à être très efficace contre la Mérule.

En revanche, pour le traitement du bois, plusieurs fongicides sont employés. Les plus courants sont les sels d'étain, le (2-thiocyanométhylthiobenzothiazole) ou TCMBT, les azoles ou les ammoniums quaternaires.

Lorsque les bois sont exposés à l'extérieur, comme c'est le cas pour certaines menuiseries extérieures et le lamellé-collé, le taux de siccité est tel que les champignons peuvent se développer. L'emploi des bâtonnets de bore est alors une technique performante. Le produit de préservation solide boracique diffuse dans le bois humide. Il contient 82 % d'octoborate disodique. L'utilisation de solutions de bore est à l'étude.

4.1.5. APTITUDE À L'EMPLOI

Il n'existe actuellement aucune méthode d'essai normalisée. Pour les produits qu'il peut avoir à tester, le CTBA vérifie le risque de migration dans les matériaux poreux et la nature du solvant pétrolier (léger ou lourd).

4.1.6. CERTIFICATION CTB P+ DES PRODUITS DE TRAITEMENT

Le CTBA est un organisme certificateur agréé depuis 1980. La certification CTB P+ certifie l'efficacité des produits curatifs du bois depuis 1980. Depuis 1988, elle intègre un critère efficacité/sûreté. La certification des produits antitermites sols et murs a vu le jour en septembre 1995.

La certification CTB P+ atteste les performances des produits en ce qui concerne leur stabilité, leur efficacité biologique (capricornes, vrillettes, lyctus, termites, champignons) et leur toxicité/écotoxicité. La qualité des produits est aussi assurée par un contrôle de la fabrication sur le site de production. C'est le niveau d'attestation de conformité le plus élevé.

Chaque produit certifié possède un certificat de qualification CTB P+ numéroté et daté. Les produits mis sur le marché sont marqués par le logo CTB P+.

Régulièrement, le CTBA édite des listes de fabricants titulaires de la marque CTB P+ et de produits de traitement, notamment de produits curatifs bois et antitermites sols/murs. Une base de données est aussi à la disposition du public (minitel 3616 CTBA - CTB P+).

Essais biologiques suivant la norme NF X 40 -100

Agents biologiques	Normes d'essai	Valeur de référence biologique	Quantités de produits appliquées
Hylotrupes bajulus Capricorne des maisons	NF EN 22	≥ 85 % de mortalité avec pas plus de 2 larves survivantes par éprouvette à la concentration préconisée par le fabricant	300 ml/m²
Lyctus brunneus Lyctus	NF EN 273	≥ 95 % de mortalité avec pas plus de 2 larves survivantes par éprouvette à la concentration préconisée par le fabricant	200 ml/m²
Anobium punctatum Petite Vrillette	NF EN 48	≥ 85 % de mortalité avec pas plus de 3 larves survivantes par éprouvette à la concentration préconisée par le fabricant	300 ml/m²
Pour les termites et les champignons, il ne peut exister de méthodes de détermination de l'efficacité curative des produits de préservation. En effet, pour être efficaces, les traitements ne mettent pas seulement en œuvre l'application de produits biocides destinés à détruire ces organismes, mais nécessitent d'autres opérations, telles qu'assainissement de la construction, notamment contre les champignons, ou réalisation d'une barrière, notamment par traitement des maçonneries et des sols dans le cas d'attaque par les termites. Néanmoins, les essais biologiques qui permettent d'évaluer l'efficacité des produits de préservation contre les agents d'altération sont :			
Termites	NF EN 118 NF X 41-540 + NF X 41-542 NF X 41-541 + NF X 41-542	La quantité nécessaire de produit pour que, dans l'essai, aucune note ne soit supérieure à 2 avec une note de 2 au plus, est la dose minimale à appliquer sur le bois. Cette quantité est exprimée en gramme de produit par mètre carré de surface de bois généralement 200 g/m².	
Champignons	NF EN 113	Seuils d'efficacité qui permettent de calculer, par rapport aux seuils trouvés pour le produit de référence, la rétention minimale à obtenir en pratique dans la zone de bois à traiter. Ces seuils sont exprimés en kilogrammes de produit par mètre cube de bois (kg/m³).	

NF EN 22 - Détermination de l'efficacité curative contre les larves d'*Hylotrupes bajulus (L.)*
NF EN 48 - Détermination de l'efficacité curative contre les larves d'*Anobium punctatum* (de Geer)
NF EN 113 - Détermination du seuil d'efficacité contre les champignons basidiomycètes après épreuves de vieillissement accéléré :
- évaporation 12 semaines (norme NF EN 73) ; - délavage (norme NF EN 84)
NF EN 118 - Détermination de l'efficacité préventive contre *Reticulitermes santonensis* après épreuves de vieillissement accéléré :
- évaporation 12 semaines (norme NF EN 73) ; - délavage (norme NF EN 84)
NF EN 273 - Détermination de l'action curative contre le *Lyctus brunneus* (Stephens)
NF EN 370 - Détermination de l'efficacité curative contre l'émergence d'*Anobium punctatum* (de Geer)
NF X 41-540 - Détermination de l'efficacité antitermites des produits de traitement de sol en phase liquide
NF X 41-541 - Détermination de l'efficacité antitermites des produits de traitement pour murs, fondations et maçonneries
NF X 41-542 - Produit de traitement antitermites des sols, murs, fondations et maçonneries (épreuve de vieillissement accéléré par percolation)

4.2. MATÉRIEL DE TRAITEMENT

Le matériel employé sur les chantiers de traitement insecticide et/ou fongicide est adapté à chaque opération, et notamment du point de vue de la sécurité. Celle-ci est étudiée au regard des risques inhérents aux chantiers du bâtiment, mais aussi vis-à-vis de la règlementation relative à la manipulation des produits dangereux.

L'ensemble des risques liés aux produits de traitement sont évoqués dans le paragraphe suivant, de même que les consignes de sécurité de chantier.

Sur la base du matériel utilisé sur les chantiers de traitement de charpente, il existe du matériel spécifique pour réaliser le traitement des termites et des champignons.

L'ensemble des outils généralement utilisés pour chacune des opérations de traitement est répertorié ci-dessous.

Préparation des surfaces de bois : sondage-bûchage-dépoussiérage

❑ griffe

❑ ciseau à bois

❑ hachette

❑ décapeur pneumatique (pression pneumatique actionnant un couteau)

❑ décapeur électrique (rotor électrique à couteaux)

❑ brosse métallique

❑ balayette

❑ aspirateur

Préparation des surfaces de maçonnerie (traitement fongicide)

❑ burin pneumatique

❑ chalumeau à gaz

Injection des bois et des huisseries

❑ perceuse

❑ mèches à bois de 13 à 24 cm de long

❑ tourillons

❑ bouterolles pour la mise en place des injecteurs

❑ injecteurs à tête, sans tête ou à matoir (6,5 mm < ø < 9,5 mm , 20 mm < L < 40 mm)

Injection des murs

❑ perforateur électro-pneumatique

❑ forets béton (9,5 mm < ø < 18 mm)

❏ injecteurs à maçonnerie (9,5 mm < ø < 12 mm)

❏ scie «cloche»

Injection des sols

❏ perforateur électro-pneumatique

❏ pal injecteur

❏ barre à mine

Alimentation et application du produit

❏ compresseur

❏ pompe portable et pompe sur chariot pour application en basse pression

❏ pompe manuelle

❏ pistolet d'injection

❏ lance ou rallonge de pulvérisation

Protection

❏ masque à adduction d'air

❏ masque - type panoramique - complet avec cartouche

❏ demi-masque avec cartouche

❏ masque anti-poussière

❏ lunettes de protection

❏ gants spéciaux solvant

❏ combinaisons

❏ chaussures de sécurité

❏ cagoules

❏ harnais et cordes

Divers

❏ humidimètre

❏ baladeuse étanche

❏ projecteur électrique

❏ échelles

❏ polyane

4.3. SÉCURITÉ DES CHANTIERS

Sur un chantier de traitement curatif, il existe différents risques pour les applicateurs, mais également pour les personnes qui peuvent se trouver occasionnellement sur le chantier ou même pour l'environnement direct.

Certains de ces risques sont communs à tous les chantiers du bâtiment (chutes, électrocution, blessures diverses, etc.). Ils peuvent être prévenus par l'application de règles générales de sécurité.

D'autres risques sont propres à l'activité de traitement et liés à l'emploi et à la mise en œuvre de produits de traitement. Ce sont ces risques particuliers et les mesures de prévention correspondantes dont il est question ici.

Ces recommandations sont basées en grande partie sur celles figurant dans la brochure *«Traitement curatif des bois en place - Prévention du risque chimique»* éditée par l'INRS et dont l'emploi est conseillé à tous les professionnels exerçant une activité de traitement curatif.

4.3.1. RISQUES LIÉS À L'ACTIVITÉ DE TRAITEMENT CURATIF

Risques propres aux produits

Les produits utilisés comportent principalement des substances fongicides et insecticides ainsi qu'un liquide vecteur, hydrocarbure (solvant) ou eau selon les cas.

Le produit présente généralement une certaine toxicité liée principalement à celle des matières actives. Il peut également comporter des risques d'inflammabilité lorsque le liquide vecteur est un solvant pétrolier. Ces risques peuvent se manifester de différentes manières :

- ❏ Pour l'homme, si l'on ingère le produit, si l'on respire des vapeurs ou des aérosols de ce produit, ou si le produit se trouve en contact avec la peau ou les yeux.
- ❏ Pour l'environnement, si le produit est rejeté dans le milieu naturel.

Le risque d'inflammabilité d'un produit peut se manifester en présence d'une source d'inflammation dans un mélange d'air et de vapeurs ou d'un aérosol de ce produit.

Risques liés à la mise en œuvre des produits

La mise en œuvre d'un produit de préservation se fait par badigeonnage, aspersion ou injection et fréquemment dans des locaux peu ou pas ventilés.

Le personnel peut donc être exposé par contact avec la peau ou par inhalation. Ce risque est d'autant plus grand lorsque le produit est appliqué par aspersion.

Par ailleurs, quel que soit le mode de mise en œuvre, une bonne ventilation des locaux doit faciliter la dispersion des vapeurs de matières volatiles. Au risque d'intoxication par inhalation, peut alors s'ajouter le risque d'incendie que constitue une source d'énergie telle que :

- ❏ l'extrémité incandescente d'une cigarette,

- une étincelle électrique de l'installation du local ou du matériel d'application,
- un appareil de chauffage à flamme ou à incandescence.

Ces risques, qui sont à prendre en compte pendant la phase d'application du produit, ne doivent pas être négligés au cours des autres phases de l'activité :

- stockage des produits dans le dépôt de l'entreprise,
- préparation des produits,
- achèvement du chantier.

Risques non liés aux produits

La préparation du support (bûchage, brossage) et la dépose des matériaux isolants peut générer la mise en suspension dans l'air de poussières et de fibres irritantes pour les yeux, les voies respiratoires et la peau.

4.3.2. MOYENS DE PRÉVENTION

Connaissance des produits

Les principaux risques étant liés aux caractéristiques des produits, il est nécessaire de bien les connaître. L'information à cet égard se trouve sur divers supports :

- L'étiquetage réglementaire des emballages qui porte les symboles de danger, les facteurs de risques et les précautions d'emploi (voir en annexe la signification des symboles de danger).
- La fiche de données de sécurité que le fabricant a pour obligation de communiquer avec le produit. Elle signale les risques et indique les mesures de sécurité à prendre lors de l'emploi du produit.
- L'étiquette informative spécifique aux produits de traitement des bois (norme NF X 40-102).
- La notice technique du produit.

Par ailleurs, la médecine du travail, les services de la CRAM (Caisse Régionale d'Assurance Maladie) et l'INRS (Institut National de Recherche et de Sécurité) peuvent être consultés.

L'indispensable connaissance des produits s'impose d'abord aux employeurs. Ils sont effectivement responsables de la sécurité de leur personnel et doivent satisfaire à un certain nombre d'obligations réglementaires : déclaration d'emploi de substances inscrites au tableau des maladies professionnelles, formation du personnel aux consignes de sécurité, information sur les dangers liés aux produits, surveillance médicale du personnel.

Dispositions de sécurité

Stockage des produits

Ces produits doivent être entreposés dans un local fermé, frais, bien aéré, dont le sol est étanche. Il doit y être interdit de fumer. En présence de produits inflammables à point éclair inférieur à 55 °C, l'installation électrique doit être «de sûreté», c'est-à-dire adaptée aux atmosphères explosives.

Les produits et matériels de préparation doivent être parfaitement identifiés et rangés par famille, dans leur emballage d'origine.

Mise en œuvre des produits sur le chantier

D'une manière générale, le personnel doit disposer des équipements de protection pour éviter tout contact avec les produits (gants, bottes, combinaisons et coiffes) et d'appareils de protection respiratoire.

Pour limiter les risques d'incendie, il convient de :

- ❑ Mettre l'installation électrique hors tension.
- ❑ Protéger les organes particuliers de cette installation par une enveloppe étanche (boîtiers, interrupteurs).
- ❑ N'utiliser que du matériel de sûreté.
- ❑ En cas d'intervention d'autres entreprises, le maître d'ouvrage doit prévoir la mise en place de systèmes d'interdiction d'accès.
- ❑ Si nécessaire, afficher le risque d'incendie sur le chantier.
- ❑ Assurer une ventilation efficace, naturelle ou forcée.
- ❑ Proscrire l'utilisation de produits inflammables dans un local où la température ambiante se situe à moins de 10 °C du point éclair. Par exemple, si un produit étiqueté «inflammable» doit être employé, il convient de vérifier son point éclair sur la fiche de données de sécurité. Si celui-ci est de 55 °C, le produit ne doit pas être utilisé si la température du local est supérieure à 45 °C. Aujourd'hui, tous les produits certifiés CTB P+ ont un point éclair supérieur à 55 °C.
- ❑ Ne créer aucune source d'inflammation : interdiction de fumer, d'utiliser des appareils avec flamme ou point incandescent (chauffage, postes à souder, etc.).
- ❑ À l'issue du traitement, la ventilation doit être maintenue et l'installation électrique ne doit pas être remise en service avant quelques heures. On recommande généralement un délai de 36 à 48 heures.

Pour limiter les risques inhérents à la toxicité du produit, il convient de :

- ❑ ventiler le chantier correctement,
- ❑ faire les dilutions ou préparations de produit à l'air libre et à proximité d'une source d'eau (robinet, douches...),
- ❑ se protéger contre tout contact avec le produit, tels qu'éclaboussures, déversement, brouillard, vapeurs, à l'aide des équipements de protection déjà cités.

Il est également recommandé d'éviter de boire, manger ou fumer pendant les opérations de préparation et de traitement.

Le port d'équipements de protection respiratoire est indispensable lors de certaines opérations :

- ❑ Lors des travaux de préparation générant des poussières (brossage, dépose d'isolants fibreux), il est conseillé de porter des masques antipoussières adaptés.

- Lors de la préparation des produits et des pulvérisateurs avec émission de gaz ou vapeurs, des appareils filtrants antigaz sont utilisés.
- Lors de l'application des produits, il est nécessaire de se protéger :
  - avec des masques à filtre antiaérosols liquides de classe 2 ou 3 pour la pulvérisation de produits hydrodispersables.
  - avec des masques à filtre antigaz de classe 2 pour toute utilisation d'un produit en solvant organique, hors pulvérisation.
  - avec des masques isolants à adduction d'air pour toute pulvérisation de produit en solvant organique. Dans le cas où la configuration du chantier ne permet pas leur utilisation, il faut les remplacer par des masques complets équipés d'un filtre de classe 3.

En cas d'accident, les interventions doivent pouvoir être mises en œuvre rapidement. Il faut notamment :

- Disposer d'extincteurs adaptés (feux d'hydrocarbures type B) pour le stockage et l'application de produits en solvant organique.
- Disposer sur le chantier d'une trousse de premiers secours pour les blessures légères, de points d'eau bien repérés pour être en mesure de laver rapidement toute projection de produit sur la peau ou dans les yeux. Les étiquettes et fiches de sécurité doivent être disponibles sur le chantier afin de renseigner rapidement les services de secours.
- Travailler en équipe de deux personnes pendant la phase d'application, l'une restant en dehors de la zone de traitement pour pouvoir intervenir en cas de besoin.

En dehors des dispositions techniques, la sécurité passe également par une organisation du travail et des consignes particulières :

- Veiller au bon état du matériel, à son entretien régulier et à sa propreté. Les vêtements et équipements de protection doivent être nettoyés avec soin. Les filtres des appareils de protection respiratoire doivent être remplacés après chaque opération d'aspersion et les filtres usagés détruits.
- Se doucher et se changer dès la fin du travail.

Enfin, pour éviter des pollutions dangereuses pour l'environnement, il est interdit de :

- pulvériser en plein air par vent fort,
- rejeter les produits non utilisés dans le milieu naturel : égouts, sol, fosses, etc.

Les emballages vides sont à remettre à une société spécialisée.

Intervention d'autres entreprises

Les prescriptions d'hygiène et de sécurité particulières applicables aux travaux réalisés dans un établissement par une entreprise extérieure sont fixées par décret du 20 février 1992.

Ces prescriptions concernent notamment :

- Une inspection préalable commune de chantier par le maître d'ouvrage et l'entreprise de traitement afin de répertorier et d'analyser les risques présentés par le chantier.
- La mise en place d'un plan de prévention précisant les points suivants :

- identification des phases d'activité dangereuses et moyens de prévention adaptés,
- adaptation et entretien des matériels aux opérations,
- instructions aux salariés,
- organisation des premiers secours en cas d'accident,
- organisation du commandement,
- signalement des postes soumis à une surveillance médicale,
- entretien des locaux et des installations sanitaires.

Pour plus d'information sur l'organisation de la sécurité, il est possible de se reporter à la brochure de l'INRS « *Intervention d'entreprises extérieures - Aide-mémoire pour la prévention des risques* ».

LES SYMBOLES DE DANGER : ÉTIQUETAGE

L'étiquetage des produits dangereux à usage industriel a pour but d'informer les utilisateurs sur les risques que présentent les produits qu'ils manipulent et sur les précautions d'emploi. Il est réglementé à l'échelle européenne et concerne autant les vendeurs et distributeurs de substances ou préparations dangereuses que les chefs d'établissement où il en est fait usage.

T+ TRÈS TOXIQUE

Des indications complémentaires précisent :
- si la toxicité est observée en cas d'ingestion, par contact avec la peau, par inhalation,
- s'il existe un danger d'effets irréversibles très graves.

T TOXIQUE

Des indications complémentaires précisent :
- si la toxicité est observée en cas d'ingestion, par contact avec la peau, par inhalation,
- s'il existe un danger d'effets irréversibles très graves,
- s'il existe un risque d'effets graves pour la santé en cas d'exposition prolongée.

C CORROSIF

Des indications complémentaires précisent si le produit provoque de graves brûlures ou provoque des brûlures.

Xn NOCIF

Des indications complémentaires précisent :
- si la nocivité est observée en cas d'ingestion, par contact avec la peau, par inhalation,
- s'il existe une possibilité d'effets irréversibles, des risques d'effets graves en cas d'exposition prolongée,
- si ce produit peut entraîner une sensibilisation par inhalation.

LES SYMBOLES DE DANGER : ÉTIQUETAGE

Xi IRRITANT

Des indications complémentaires précisent :
- si le produit est irritant pour la peau, pour les yeux, pour les voies respiratoires,
- s'il existe un risque de lésions oculaires graves,
- si ce produit peut entraîner une sensibilisation par contact avec la peau.

O COMBURANT

Des indications complémentaires précisent :
- si le produit est très inflammable,
- s'il favorise l'inflammation des matières combustibles,
- s'il peut exploser en mélange avec des matières combustibles.

F FACILEMENT INFLAMMABLE
F+ EXTRÊMEMENT INFLAMMABLE

Des indications complémentaires précisent :
- si le produit est spontanément inflammable à l'air, très inflammable, extrêmement inflammable,
- s'il s'agit d'un gaz liquéfié extrêmement inflammable,
- si ce produit au contact de l'eau dégage des gaz très inflammables.

E EXPLOSIF

Des indications complémentaires précisent :
- si le produit présente :
  . un risque d'explosion par le choc, la friction, le feu ou autres sources d'ignition,
  . un grand risque d'explosion par le choc, la friction, le feu ou autres sources d'ignition.

INDEX

M

P

R

S

T

U

V

X

Imprimé par JOUVE. - 18, rue Saint-Denis, 75001 PARIS
N° 282601E. Dépôt légal : Juin 2000
N° d'éditeur : 6153